中国学前教育研究会教师发展专委会推荐教材

高职高专教育新形态一体化教材

化　学（第三版）

主　编　汪淙　刘培玲
副主编　于金发　李涛
主　审　杨春明

高等教育出版社·北京

内容提要

本书是中国学前教育研究会教师发展专委会推荐教材,高职高专教育新形态一体化教材。

全书内容主要包括:认识化学、化学物质与化学反应、典型的金属和非金属、原子结构和元素周期律、常见的金属、常见的非金属元素、有机化合物等。"幼儿园科学活动方案设计指导"单列为一章,目的是学以致用,培养学生将化学知识与幼儿园科学领域的教学相结合的意识。全书安排了一些选学内容(带有"＊"的章节),供学有余力的学生学习;还安排了大量的课外阅读材料,以开阔学生的知识面与视野。

本书可作为高职高专、五年制高专、继续教育、中职学校学前教育专业文化课教材,也可供幼儿园教师等相关人员参考。

书中配套二维码链接的数字教学资源,方便教与学。教师发送邮件至gaojiaoshegaozhi@163.com,将获赠教学课件。

图书在版编目(CIP)数据

化学/汪淙,刘培玲主编.--3版.--北京:高等教育出版社,2021.6

ISBN 978-7-04-056085-5

Ⅰ.①化… Ⅱ.①汪… ②刘… Ⅲ.①化学-高等职业教育-教材 Ⅳ.①O6

中国版本图书馆 CIP 数据核字(2021)第 078279 号

策划编辑 张庆波	责任编辑 张庆波	封面设计 李小璐		版式设计 杜微言
插图绘制 黄云燕	责任校对 刘娟娟	责任印制 韩 刚		

出版发行	高等教育出版社	网 址	http://www.hep.edu.cn
社 址	北京市西城区德外大街4号		http://www.hep.com.cn
邮政编码	100120	网上订购	http://www.hepmall.com.cn
印 刷	运河(唐山)印务有限公司		http://www.hepmall.com
开 本	787mm×1092mm 1/16		http://www.hepmall.cn
印 张	11		
字 数	240千字	版 次	2012年9月第1版
			2021年6月第3版
插 页	1		
购书热线	010-58581118	印 次	2021年6月第1次印刷
咨询电话	400-810-0598	定 价	24.40元

本书如有缺页、倒页、脱页等质量问题,请到所购图书销售部门联系调换

版权所有 侵权必究

物 料 号 56085-00

前　言

学前教育是人生发展的奠基性教育,是国民教育体系的重要组成部分,对促进个体健康发展,提升国民整体素质具有重要的基础性、先导性作用。《国家中长期教育改革和发展规划纲要(2010—2020年)》明确提出了基本普及学前教育的目标,提出了"坚持以人为本、全面实施素质教育"的战略主题。为适应学前教育事业发展形势的迫切需要,高职高专学前教育的改革和发展需不断创新,课程改革和教材建设是重要保证。

根据教育部《幼儿园教师专业标准(试行)》和《教师教育课程标准(试行)》文件精神,按照《中小学和幼儿园教师资格考试标准(试行)》要求,针对幼儿园教师应具有的专业理念、专业知识、专业能力及高职高专学前教育专业的培养目标,我们编写了这本教材。

教材注重将人才培养目标和学前教育专业特点有机结合。注意将化学科学的新成就及其对人类文明的影响纳入教材。重视对学生终身学习愿望、科学探究能力、创新意识及科学精神的培养。

教材在介绍化学的基本知识、基本原理、基本方法的前提下,注意化学与各相关学科特别是幼儿园科学活动的紧密联系,力求达到先进性、基础性、科学性及针对性等各方面的统一。

在内容的选择上,注意理论联系实际,从学生毕业就职需要和未来继续发展考虑,兼顾知识的系统性和实用性。既有理论阐述,又有实验操作;既保证了知识学习的系统性,又有利于技能训练的操作性。

在内容的安排上,注意深入浅出,循序渐进,既考虑全体学生所应达到的基本要求,也考虑到学生个性发展的需求。增设了"幼儿园科学活动方案设计指导"一章,目的是学以致用,培养学生将化学知识与幼儿园科学领域的教学相结合的意识。

在体例编排上,每个章节设有"学习提示""学习目标""思考与练习""课外阅读""本章小结"等几部分。

本书第一章由哈尔滨幼儿师范高等专科学校刘培玲编写;第二章由江门幼儿师范高等专科学校邓海燕编写;第三章、第八章由运城幼儿师范高等专科学校李涛编写;第四章由贵阳幼儿师范高等专科学校汪淙编写;第五章由青岛幼儿师范学校于金发编写;第六章由长沙师范学院陈健编写;第七章由苏州幼儿师范高等专科学校曹开南编写。汪淙负责统稿。杨春明负责审稿。编写中参考并借鉴吸收了许多专家、学者及同行的研究成果、观点和资料,其中二维码视频多为河南工程学院高琳教授创作,在此一并表示感谢。

由于编者的水平和能力有限,书中难免存在不妥之处,望读者多加批评指正。

编　者

2021 年 2 月

目 录

二维码数字资源

数字资源	页码	数字资源	页码
化学是什么视频	1	乙烯的分子结构动画	128
为什么学化学视频	2	乙烯的结构视频	128
焰色反应彩图	40	苯分子的结构动画	130
焰色反应动画	40	苯的结构与性质视频	130
碘的升华动画	46	苯的卤代反应视频	130
甲烷分子的结构动画	122	乙醇的结构与性质视频	134
甲烷的结构视频	122	乙醛的银镜反应视频	137
烷烃的结构视频	124	乙烯的用途视频	146

第一章 认识化学

学习提示

化学是一门研究物质的组成、结构、性质及其变化规律的科学,在探索研究和改造物质世界的进程中,起着极为重要的作用。学习并逐步掌握科学探究的方法和养成良好的科学习惯是学习化学的根本目的。

物质的量的提出将宏观可称量的物质的质量、体积与肉眼不可见的微观粒子数目联系起来。利用物质的量可使化学在定量研究及科学计量、计算方面变得既轻松又快捷。

学习目标

通过本章的学习,将实现以下目标:

★ 了解化学科学的形成和发展过程及学习化学的基本方法,了解化学学习与幼儿园科学领域教学的关系。

★ 了解物质的量、摩尔质量、气体摩尔体积、粒子数目之间的关系,并能进行简单的计算。

化学是什么
视频

当你穿上艳丽而时尚的服装的时候……

当你在美酒飘香的氛围中品尝色、香、味美的佳肴的时候……

当你陶醉在美妙动听的音乐中的时候……

当你漫步在博物馆欣赏美术大家的杰作的时候……

当你在观看节日夜空那绚丽夺目的爆竹礼花的时候……

化学科学既神秘又现实,既神奇又有趣。你在享受着美好生活的时候可否知道,生活离不开化学,它就在我们的身边。

化学作为一门自然科学在创造、丰富人类物质文明的历史中起到了极为重要的作用。无论是农业、工业及科学技术等领域所取得的重大成就,还是人类生活中的衣、食、住、行等方面的不断改善,特别是当今世界极为关注的材料、能源、环境、资源、粮食、生命科学等问题,都与化学有着紧密的联系。

作为未来的幼儿教师,学习、掌握一定的化学基础知识与技能,对于进行今后幼儿

为什么学化学
视频

园科学领域的教育、教学都会有很大的帮助。

第一节　化学的形成和发展

一、走近化学

1. 化学的含义

化学是在原子和分子水平上研究物质的组成、结构、性质、变化规律、制备和应用的自然科学。化学研究的对象是原子、离子和分子等；化学研究的内容是物质的组成、结构、性质、变化规律、制备和应用等；化学是一门自然科学，又是一门基础科学。

化学具有独特的创造性，最初人们只能从矿物、岩石、生物体等提取物质，后来逐步制造出了大量自然界没有的物质。人们合成物质的速度逐年加快，现在被发现或制备出来的物质已超过 3 500 万种。可以说，化学是一门具有创造性的科学。

化学具有显著的实用性，合成氨技术用于粮食增产，医药合成使人寿命延长，芯片和光导纤维引导人们进入信息时代，食品添加剂、化妆品、塑料、橡胶、纤维的合成使人们的生活更加丰富多彩。这些事实都证明化学是一门在人类生产和生活中起着重要作用的极具实用性的科学。

化学的特征是认识分子和制造分子，从分子、原子、离子的角度，认识物质的本质，认识物质之间的变化规律。

化学是一门基础科学，与其他自然科学及工程科学有着紧密的联系。物理学、生物学、数学与计算科学、生命科学等科学的发展促进了化学科学的进步，同时化学科学的发展也推动了其他科学的前进。

2. 化学的发展历史及其与人类社会的关系

相对于历史学、地理学、哲学、物理学、生物学等学科，化学以一门独立学科出现的时间较晚，但这并不意味着化学对于人类社会进步的重要性有丝毫的逊色。追溯数千年的人类文明发展史，不难发现化学的重要作用无可替代。

人类自产生起，便与化学结下了不解之缘。早在远古时代，我们的祖先就关注到了火，知道火能用来取暖，还可以烤、煮可口的食物，抵御猛兽的侵袭……在那燃烧的烈焰中，一些物质消失了，而另一些物质生成了。在使用火的基础上，人类学会了将水和黏土拌和烧制成陶器，冶炼青铜器和铁器，酿制酒和醋及进行染色等。正是这些技术的发明及应用，极大地促进了当时社会生产力的发展。从古至今，化学大致经历了五个发展时期。

（1）远古的工艺化学时期

这时人类的制陶、冶金、酿酒、染色等工艺，主要是经过长期实践而来的，还没有形成系统的化学知识，化学还只是一门实用技术，这段时期属于化学科学的萌芽期。在这一时期我国有过极其辉煌的成就，在化学工艺上走在了世界的前列。如商代的后母戊鼎是目前已知的最大的古青铜器；秦汉时期的制陶业无论是从生产规模和烧造技术，还是从数量与质量，都超过了之前的任何时代。秦汉时期建筑用陶在制陶业中占有重要位置,其中最富有特色的是"秦砖汉瓦"。

（2）炼丹术与医学化学时期

从公元前 1500 年到公元 1650 年,炼丹术士和炼金术士,为求得长生不老的仙丹、象征荣华富贵的黄金,开始了最早的化学实验。记载、总结炼丹术的书籍,在中国、阿拉伯、埃及、希腊都有不少。炼丹术、炼金术几经盛衰,都没有实现预期的幻想,人们更多地看到了它荒唐的一面,炼丹术、炼金术最终走向衰亡。不过这一时期的炼丹术、炼金术作坊却是最早的化学实验室。炼丹术士、炼金术士虽然没有能够制造出"长生不老药",也没有实现"点石成金"的生财梦想,还浪费了大量的人力、物力、财力,但他们从事了大量的化学实验,用人工的方法实现了许多物质之间的相互转变,制造出了许多实验仪器,总结了许多实验方法,客观上对化学、医学、冶金和生理学等的发展积累了一定的经验材料,从另一个侧面促进了这些学科的发展,也丰富了化学的内容。

炼丹术士、炼金术士开始面对实际结果使化学在两个领域内出现了转机。一个是医学化学,另一个是冶金化学。这些化学方法转而在医学和冶金方面得到了正当发挥。从炼丹术、炼金术到科学的化学的转变过程中,医学化学和冶金化学起到了桥梁和纽带的作用。

（3）燃素化学时期

从 1650 年到 1775 年,随着冶金工业和实验室经验的积累,人们开始总结感性知识,提出了一些化学理论。波义耳的元素说和他的研究工作使得化学被确立为科学,从此化学开始成为一门独立的科学,进入了一个新的发展时期。但是波义耳得出火是一种具有质量的物质元素的错误结论,为"燃素说"的提出提供了条件。"燃素说"者认为可燃物能够燃烧是因为其中含有燃素,燃烧的过程是可燃物放出燃素的过程,可燃物放出燃素后成为灰烬。这个理论后来被证明是错误的。

（4）近代化学时期

1775 年前后,拉瓦锡用定量化学实验阐述了燃烧的氧化学说。氧化燃烧理论的建立是化学发展中的一次革命,这不仅是燃烧理论的创新,而且是整个化学观念,其中包括化学基本概念和基本方法及世界观和思维方式的变革。此时人们开始重视用实践检验理论假设,从而开创了定量化学时期。这一时期建立了许多化学基本定律,创立了原子分子学说,发现了元素周期律,发展了有机结构理论。所有这一切都为现代化学的发展奠定了坚实的基础。

（5）现代化学时期

进入 20 世纪以后,由于广泛地应用了当代科学的理论、技术和方法,化学在认识物质的组成、结构、性质、合成和测试等方面都有了长足的进展,先进的物理理论和技术、数学方法及计算机技术在化学中的应用,对现代化学的发展起了很大的推动作用。作为 20 世纪的时代标志,人类开始掌握和使用核能。放射化学和核化学等分支学科相继产生,并迅速发展,与现代宇宙学相依存的元素起源学说及与演化学说密切相关的核素年龄测定等工作,都在不断地补充和更新元素的观念。

化学理论的发展促进了合成化学的发展。被誉为 20 世纪重大发明之一的高压催化合成氨技术,使粮食生产发生了革命性变革,就是一个极其典型的例子。20 世纪是合成化学的黄金时代,红宝石、人造水晶、硼氢化合物、金刚石、半导体、超导材料、超纯物质、稀有气体化合物也被成功地合成出来。

现代化学的发展带动和促进了相关科学的进一步发展。例如,化学家对蛋白质化学结构的测定和合成,使人们对生命过程有了更深刻的认识。20 世纪中叶,化学科学和生物科学共同揭示了生命的遗传物质 DNA 的结构和遗传规律,使生命科学进入研究基因组成、结构和功能的新阶段。

高分子化学的发展给人类社会带来的影响是大家最容易直接感受到的。各种高分子材料的合成和应用,为现代工农业、交通运输、医疗卫生、军事技术,以及人们衣食住行的各个方面,提供了多种性能优异而成本较低的重要材料,成为现代物质文明的重要标志。从人们每天接触的各类塑料、合成纤维到越来越多运用于各类建筑的轻型结构材料,以至于各种尖端技术中使用的特种材料,都可以看到化学的贡献。正是由于新型高分子薄膜材料及其多层膜形成技术的研发成功,才使举世称誉的"水立方"游泳馆的设计得以实现,为 2008 年北京奥运会增光添彩。

如今,化学几乎已经渗透到国民经济的发展和人们物质文化生活的改善和提高的所有方面,无论是高新尖端技术,还是国民经济发展的各种支柱和支撑产业,或者是人们的衣食住行、生活休闲、医疗保健,都与化学科学的发展密切相关。

在幼儿园五大领域的教学中,科学教育是一大领域。要做好幼儿园科学教育领域的教学,提高教育教学质量,对化学知识和技能的学习是必不可少的。

总之,化学是当之无愧的 21 世纪的"中心科学",化学课程是我们必须认真学习的重要课程之一。

讨论

1. 化学科学的形成和发展经历了哪几个阶段?举例说明化学科学的发展与人类生活的关系。

2. 通过对前面内容的学习,你对化学有了哪些新的认识?对化学知识技能与未来你要从事的职业之间的关系有何想法?

3. 化学学科的分类和探索空间

化学在不断发展的进程中,派生出许多不同层次的分支。早期人们把化学分为无机化学、有机化学、物理化学和分析化学四个分支。20 世纪,各学科之间的相互促进、渗透与交叉日益深入,学科之间的界限变得模糊,当今化学与天文学、物理学、数学、生物学、医学、地质学等其他学科相互渗透,交叉学科不断涌现。目前可将化学做如下分类:无机化学、有机化学、物理化学、分析化学、高分子化学、核放射性化学、生物化学等。其他与化学有关的边缘学科还有食品化学、地球化学、海洋化学、大气化学、环境化学、宇宙化学、星际化学等。

化学各分支学科的发展非常迅猛。化学将推动材料科学的发展,使各种新型功能材料的生产成为可能。有了化学科学,人类能够合理开发和安全应用能源和资源,同时处理好能源和资源的开发利用与生态环境保护之间的关系。化学工业丰富了生活用品,大幅度提高了人们的生活质量。在生命科学、宇宙科学、材料科学、食品科学等领域都有化学可开拓的空间。化学研究不断延伸到国民经济的各个方面,化学科学渗透到了社会可持续发展的每一个角落,涉及加强综合国力和提高人们生活质量的方方面面。我国又是一个地域广阔、人口众多而资源相对匮乏的大国,可再生资源特别是新型清洁能源的开发、绿色经济和循环经济的实施、建设节约型社会将是生存发展的必由之路,对此,化学科学必将起到主导作用。

综上所述,我们不难看出化学在人类认识世界、改造世界中的作用是无可替代的。试想,如果没有合成材料和技术的发展,提供不了高性能的材料,人类探索宇宙奥秘的各种方案何以实施? 我们的"长征七号""长征五号"火箭怎能推力更大更强? "神州十一号"等系列飞船又何以能遨游苍穹呢? 又比如,没有半导体芯片和光刻技术的不断发展,能有今天的计算机吗? 同样,没有分析化学及分离技术的发展,今天的基因组序列的解密恐怕也只能是一个美好的愿望而已。的确,诚如美国著名化学家、诺贝尔化学奖获得者西博格教授所说:"化学——人类进步的关键。"

虽然化学发展到今天,已取得了很多的成就,但化学科学的探索空间永无止境。化学家所面临的任务还有很多,眼前的未知世界还十分诱人,有待去探索和发现。

二、学习化学的基本方法

化学是以实验为基础的自然科学。化学学习中,除重视化学实验、掌握有关化学知识和基本实验技能外,还要掌握科学的学习方法。常用的科学方法有观察、质疑、假设与猜想、实验、整理与分类、抽象思维与利用直观模型等。

1. 观察

观察是一种有计划、有目的地用感官考察研究对象的方法。人们既可以直接用肉眼观察物质的颜色、状态,用鼻子闻物质的气味,也可以借助一些仪器来进行观察,从而提高观察的灵敏度。

在实验观察过程中,应明确实验目的,确定实验观察的重点,明确观察的要素和程序,全面、有序地进行实验的观察;协调多种感觉器官,收集所有信息。实验现象的观察不仅要依靠人的眼睛、鼻子等感官,还需要借助先进的科学仪器。只有这样,才能获得全面的感性材料。

2. 质疑

质疑就是追问为什么,用挑剔的眼光来看待已有的事物,达到对化学事实的深层理解。要积极地进行思考,通过思考提出问题。只有在学习中能够提出问题并想法解决问题,才能够真正理解和掌握化学知识。质疑的常用方法有:逆向思考,提出问题;觉察异常,发现问题;善于对比,发现问题;穷追不舍,刨根问底;联系实际,发现问题;探求因果,提出问题;改变概念的内涵和外延,提出问题等。

3. 假设与猜想

假设与猜想是人们将认识由已知推向未知,变未知为已知的一种思维方法,是学习科学知识和探究未知事物或新物质常用的一种方法。一般根据一些已获得的事实材料和已知的基本理论知识,来对要学习和研究的对象的未知性质及其原因或规律进行有说服力的推测(假定)并加以说明。假设要根据观察到的客观事实提出,具有科学性和假定性,决不能凭空设想;完全脱离实际的假想是不行的。有科学依据的假设与猜想要经受得住实践或实验的检验,若经过实践或实验检验是正确的,则发展为规律和完善为理论;若实践或实验证明有部分正确,则需要改进;若得到否定的结论,则必须摒弃。

4. 实验

化学是以实验为基础的科学。学习化学的一个重要途径是科学探究。实验是科学探究的重要手段,实验室和社会实践基地是进行科学探究的重要场所。安全是实验获得成功的前提,规范操作可正确、快速、安全地获得可靠的实验结果。对物质性质的预测及有无新物质的生成等都要通过实验验证,探究物质未知性质及其用途要靠实验完成。我们要通过实验以及对实验现象的观察、记录、分析发现和验证化学原理,获取大量的化学知识,作为研究化学必备的实验技能需要通过做实验去掌握、熟练和提高。实际上,化学的许多重大发现和研究成果都是通过实验得到的,在今后的化学学习过程中,做好化学实验是十分重要的。

5. 整理与分类

要学会对所获得的诸多信息进行加工的方法。所谓加工指的是通过特殊的思维方法对感知的信息进行处理的过程,其目的在于使新知识与已有的知识取得联系,增进对新知识的理解。加工在学习过程中发挥着重要的作用,是高效获取知识的基本条件之一。加工信息就是对信息进行整理和归纳,主要有分类法、比较法、归纳法等。必须学会这些策略,从而顺利实现知识的学习和掌握。按照不同的特点对事物进行分类,使事物更有规律。在研究物质性质时,运用分类的方法,分门别类地对物质及其变化进行研究,可以总结出规律性的内容。运用比较的方法可以找出物质性质之间的异同,认识物质性质间的联系,对物质性质进行归纳和概括。例如,分子与原子之间的异同点及其相互联系,硫酸根离子和亚硫酸根离子之间的异同点及其鉴别方法,碳酸钠与碳酸氢钠的区别与联系等,通过对硫酸、盐酸等酸的性质的学习,归纳出酸的通性等。

6. 抽象思维与利用直观模型

抽象思维与利用直观模型是学习化学的重要方法。在大脑中建立分子和原子的空间形象,对学习和研究微观粒子的构型、结构、性质十分有效。在目前的实验条件下,原子、离子、分子等微观粒子使用显微镜是观察不到的,要研究化学规律必须了解原子的结构,建立原子的模型,通过模型去想象原子的真实结构,这样可收到事半功倍的效果。我国科学家建立起来的牛胰岛素分子模型,是许多科技工作者汗水的结晶。

此外,要把化学与社会、生产和生活相联系。把学到的知识运用到实践中,发现和提出问题,并寻求解决问题的途径,体会学习化学的乐趣。

总之,在学习和研究过程中,通过预测性质,正确地设计实验,细致地观察现象及对实验现象进行分析和解释,对实验结论进行整合,最终得出正确的结论,写出完整的实验报告,是非常重要的环节。注重这些科学方法的训练,培养严谨而科学的研究和学习态度,提高分析问题、解决问题的能力,增强对化学的兴趣,对学好化学有着十分重要的意义。

课外阅读

1. 后母戊鼎

后母戊鼎(原称"司母戊鼎")(见图1-1)是商代后期(公元前14世纪至公元前11世纪)铸品,1939年3月出土于河南安阳侯家庄武官村。此鼎形制雄伟,重832.84 kg,高133 cm,口长110 cm,口宽79 cm,是迄今为止出土的最大最重的青铜器。后母戊鼎立耳、方腹、四足中空,除鼎身四面中央是无纹饰的长方形素面外,其余各处皆有纹饰。在细密的云雷纹之上,各部分主纹饰各具形态。鼎身四面在长方形素面周围以饕餮作为主要纹饰,四面交接处,则饰以扉棱,扉棱之上为牛首,下为饕餮。鼎耳外廓有两只猛虎,虎口相对,中含人头。耳侧以鱼纹为饰。四只鼎足的纹饰也独具匠心,在三道弦纹之上各施以兽面。后母戊鼎造型、纹饰、工艺均达到极高的水平,是商代青铜文化顶峰时期的代表作。

图1-1 后母戊鼎

选自百度百科

2. 波义耳

罗伯特·波义耳(R.Boyle,1627—1691),英国化学家。化学史家把1661年作为近代化学的开始年代,因为这一年有一本对化学发展产生重大影响的著作问世,这本著作就是《怀疑派化学家》,它的作者正是英国化学家罗伯特·波义耳(见图1-2)。革命导师马克思、恩格斯也同意这一观点,他们誉称"波义耳把化学确立为科学"。

图1-2 波义耳

选自百度百科

3. 拉瓦锡

安托万·洛朗·拉瓦锡(A.L.Lavoisier,1743—1794,见图1-3)生于巴黎,他与别人合作制定出化学物种命名原则,创立了化学物种分类新体系。拉瓦锡根据化学实验的经验,用清晰的语言阐明了质量守恒定律及其在化学中的运用。他所提出的新观念、新理论、新思想,为近代化学的发展奠定了重要的基础,因而后人称拉瓦锡为近代化学之父。

拉瓦锡原来是学法律的。1763年,年仅20岁的拉瓦锡就取得了法律学士学位,并且获律师从业证书。拉瓦锡的父亲是一位颇有名气的律师,家境富有。拉瓦锡对植物学发生了兴趣,经常上山采集标本又使他对气象学产生了兴趣。在地质学家葛太德的建议下,拉

图1-3 拉瓦锡

瓦锡师从巴黎著名的化学家伊勒教授。从此,拉瓦锡就和化学结下了不解之缘。20 岁时拉瓦锡因出色地撰写了巴黎街道照明的设计文章而获得法国科学院的嘉奖。1768 年,他被评选为法国科学院的"名誉院士"。

1789 年法国大革命爆发,拉瓦锡由于曾经担任过包税官而自首入狱。拉瓦锡被诬陷与法国的敌人有来往,犯有叛国罪,于 1794 年 5 月 8 日被处以绞刑。著名的法籍意大利数学家拉格朗日痛心地说:"他们可以一瞬间把他的头割下,而他那样的头脑 100 年也许长不出一个来。"

选自 http://www.pep.com.cn

思考与练习

查阅资料,谈谈我国化学家对中国乃至世界化学科学发展的贡献。

*第二节　化学计量及其应用

我们在初中化学的学习过程中,已经知晓原子、离子、分子是构成物质的微观粒子,同时也知道单个的微观粒子既无法用肉眼看到,又无法一个个地进行称量。微观粒子的个数与物质的质量及体积之间有没有一定的联系呢? 我们已经认识到物质之间发生的化学反应实际上是由肉眼看不到的原子、离子、分子之间按一定的数目关系进行的,同时也是以可称量的物质之间按照一定的质量关系进行的。科学上用"物质的量"这个物理量作为桥梁将两者联系了起来。

一、物质的量

人们在日常生活、工农业生产和科学研究中,为了快捷和方便,常常根据实际需要使用不同的计量单位。例如,用 m(米)来计量长度,用 s(秒)来计量时间,用 kg(千克)来计量质量,用 K(开尔文)来计量热力学温度等。1971 年第十四届国际计量大会决定用"mol(摩尔)"作为计量电子、质子、中子、原子、离子、分子等微观粒子的"物质的量"的单位。

物质的量如同长度、质量、时间、电流等物理量一样,是七个基本物理量之一。它是衡量一定数目微观粒子集体的一个物理量。物质的量的符号是 n,单位是 mol。国际上规定一定量的粒子集体中所含有的粒子数与 0.012 kg ^{12}C 所含的碳原子数相同,其物质的量就是 1 mol。1 mol 任何粒子的粒子数叫作阿伏伽德罗常数,阿伏伽德罗常数的符号为 N_A,单位为 mol^{-1}。通常使用 $6.02×10^{23}$ mol^{-1} 这一近似值。

例如,1 mol H 中约含有 $6.02×10^{23}$ 个 H。

1 mol H_2O 中约含有 $6.02×10^{23}$ 个 H_2O。

1 mol K^+ 中约含有 $6.02×10^{23}$ 个 K^+。

物质的量只能用来表示一定量的粒子集体,不能用来表示宏观物质。物质的量只限制了所含粒子个数的多少,并没有限制粒子种类,所以,在使用 mol 表示物质的量时,一定要在 mol 符号的后面用化学符号表明粒子的种类,例如 1 mol K^+,1 mol O_2,0.1 mol Na^+ 及 4.22 mol SO_4^{2-} 等。

物质的量、阿伏伽德罗常数、粒子数(符号为 N)之间存在着如下的关系:

$$n = \frac{N}{N_A}$$

式中,物质的量是粒子数与阿伏伽德罗常数之比,即某一粒子集体的物质的量就是这个粒子集体的粒子数与阿伏伽德罗常数之比。

1 mol 不同粒子所含的分子、原子、离子的数目虽然相同,但由于不同粒子的质量不同,1 mol 不同粒子的质量是不同的。

我们知道 1 mol ^{12}C 的质量是 0.012 kg,即 N_A(约 6.02×10^{23})个 ^{12}C 的质量是 0.012 kg。利用 1 mol 任何粒子集体所含的粒子数目相同这一关系,可推知 1 mol 任何粒子的质量。如 1 mol Na 的质量是 0.023 kg,1 mol Fe 的质量是 0.056 kg。

对于离子而言,由于电子的质量很小,原子的质量主要集中在原子核上,所以原子得到或失去电子变成离子时,电子的质量可以忽略不计。由此可以推知 1 mol K^+ 的质量是 0.039 kg,1 mol SO_4^{2-} 的质量是 0.096 kg。同样对于分子来说,不难推知 1 mol H_2O 的质量是 0.018 kg;1 mol H_2SO_4 的质量是 0.098 kg。

由此可得:1 mol 任何粒子的质量以 g 为单位计时,在数值上与该粒子的相对原子质量或相对分子质量相等。

我们将单位物质的量的物质所具有的质量称为摩尔质量。摩尔质量的符号用 M 表示,常用的单位为 g·mol^{-1} 或 kg·mol^{-1}。例如,Al 的摩尔质量是 27 g·mol^{-1} 或 0.027 kg·mol^{-1},SO_2 的摩尔质量是 64 g·mol^{-1} 或 0.064 kg·mol^{-1}。

物质的摩尔质量就是该物质的质量与该物质的物质的量之比,可用如下关系式表示:

$$M = \frac{m}{n}$$

当已知上述关系式中的任意两个量时,就可以求出另一个量。不难得到如下宏观物质的质量与微观粒子的数量之间的关系:

$$\frac{N}{N_A} = n = \frac{m}{M} \quad 即 \quad \frac{N}{N_A} = \frac{m}{M}$$

可见"物质的量"这个物理量的确起到了桥梁的作用。

例题 1 71 g Na_2SO_4 中含有 Na^+ 和 SO_4^{2-} 的物质的量是多少?

分析:因 Na_2SO_4 是由 Na^+ 和 SO_4^{2-} 构成的,1 mol Na_2SO_4 中含 2 mol Na^+ 和 1 mol SO_4^{2-},只要知道了 Na_2SO_4 的物质的量,即可求出 $n(Na^+)$ 和 $n(SO_4^{2-})$。

解:Na_2SO_4 的相对分子质量为 142,摩尔质量为 142 g·mol^{-1}。

$$n(Na_2SO_4) = \frac{m(Na_2SO_4)}{M(Na_2SO_4)} = \frac{71\ g}{142\ g \cdot mol^{-1}} = 0.5\ mol$$

则 Na^+ 的物质的量为 1 mol,SO_4^{2-} 的物质的量为 0.5 mol。

例题 2   27 g 水中所含的 H_2O 的数目是多少?

分析: 已知水的质量 m 为 27 g,根据 $\dfrac{N}{N_A} = \dfrac{m}{M}$ 的关系可以得出 H_2O 的数目 N 的值。

解:
$$N = \frac{mN_A}{M} = \frac{27 \text{ g} \times 6.02 \times 10^{23} \text{ mol}^{-1}}{18 \text{ g} \cdot \text{mol}^{-1}} = 9.03 \times 10^{23}$$

二、气体摩尔体积

通过前面的学习,可以推知一定量的体积的物质与所含粒子的数目及粒子的物质的量一定有着某种联系。

在物理课中,我们学习了物质的质量(m)、体积(V)与密度(ρ)之间的关系。通过本节知识的学习,我们又知道了物质的摩尔质量(M),即 1 mol 物质的质量。于是就可以通过密度计算出 1 mol 任何物质的体积。

例如,1 mol Fe 的质量是 56 g,在 20 ℃、101 kPa 时,Fe 的密度是 7.8 g·cm^{-3},则 1 mol Fe 的体积为

$$V(\text{Fe}) = \frac{m(\text{Fe})}{\rho(\text{Fe})} = \frac{56 \text{ g}}{7.8 \text{ g} \cdot \text{cm}^{-3}} = 7.2 \text{ cm}^3$$

可用同样的方法计算出其他物质的体积:

1 mol Al 的体积是 10 cm^3(20 ℃,101 kPa)。

1 mol Pb 的体积是 18.3 cm^3(20 ℃,101 kPa)。

1 mol H_2O 的体积是 18 cm^3(20 ℃,101 kPa)。

1 mol CH_3CH_2OH 的体积是 58.3 cm^3(20 ℃,101 kPa)。

通过计算我们可以看出,物质的量相同的不同固体和液体,体积是不同的。这是为什么呢?

科学研究表明,决定物质体积大小的因素主要是构成这种物质的粒子的数目、粒子的大小和粒子之间的距离。因此,在粒子数目相同的情况下,物质所占据空间的大小(即物质的体积)就主要取决于构成物质粒子的大小和粒子之间的距离。当粒子之间的距离与粒子大小(即粒子的直径)相比较,粒子之间的距离远远小于粒子大小(即粒子的直径)时,此时物质的体积就由粒子的大小来决定。而当粒子之间的距离远远大于粒子大小(即粒子的直径)时,物质的体积就主要取决于粒子之间的距离了。

在物质的量相同的情况下,不同固态或液态物质虽然含有相同数目的粒子,但不同粒子的大小是不同的,而且粒子之间的距离远远小于粒子的大小,这就使固态或液态物质的体积只能取决于粒子的大小了。因此,1 mol 不同固态或液态物质的体积是不同的。压强和温度的变化对固态或液态物质中粒子之间的距离影响不大,即对固态或液态物质的体积影响不大,所以在表示固体或液体的体积时,必须指明物质的量和粒子的种类,而不需特别强调压强和温度。

那么,物质的量相同的气态物质的体积受哪些因素的影响?物质的量相同的不同气态物质的体积是否也不相同呢?

事实告诉我们,气体比固体或液体更容易被压缩,这说明在气体中分子之间的距离比固体或液体中分子之间的距离要大得多。实验结果证明,在通常情况下,质量相同的气态物质的体积要比固态或液态的体积大 1 000 倍左右。所以物质在气态时其粒子之间的平均距离比粒子本身的大小要大得多。因此,当分子数目相同时,气体体积的大小就主要取决于气体分子之间的距离,而不是分子本身体积。

讨 论

在一定的温度与压强下,等物质的量的不同气体的体积是否一样?

气体分子之间的距离与温度和压强有关,气体的体积与温度、压强等外界条件的关系非常密切。一定质量的气体,压强一定时,温度升高,气体分子之间的距离增大,温度降低,气体分子之间的距离减小;温度一定时,压强增大,气体分子之间的距离减小,压强减小,气体分子之间的距离增大。因此,要比较一定质量气体的体积,就必须在相同的温度和压强下进行,否则就没有比较的意义。

我们通常将温度为 0 ℃、压强为 101 kPa 时的状况称为标准状况。在标准状况时,氢气的密度为 0.089 9 g·L^{-1},1 mol H$_2$ 的质量为 2.016 g,则 1 mol H$_2$ 的体积约为

$$V(H_2) = \frac{m(H_2)}{\rho(H_2)} = \frac{2.016 \text{ g}}{0.089\ 9 \text{ g} \cdot L^{-1}} = 22.4 \text{ L}$$

通过同样的方法,还可以计算出:

1 mol O$_2$ 的体积约为 22.4 L。

1 mol CO$_2$ 的体积约为 22.4 L。

1 mol CO 的体积约为 22.4 L。

通过计算我们可以得出,在标准状况下,1 mol H$_2$、O$_2$、CO$_2$、CO 的体积大致是相同的,都约为 22.4 L。不仅这四种气体在标准状况时的体积都约为 22.4 L,大量的科学实验表明,在标准状况下,1 mol 任何气体所占的体积都约为 22.4 L。

单位物质的量的气体所占的体积叫作气体摩尔体积,气体摩尔体积的符号为 V_m。即

$$V_m = \frac{V}{n}$$

气体摩尔体积的单位有 L·mol^{-1} 和 m^3·mol^{-1}。

在标准状况下,气体摩尔体积约为 22.4 L·mol^{-1},因此,可以认为 22.4 L·mol^{-1} 是在特定条件下的气体摩尔体积。

因为不同气体在一定的温度和压强下,分子之间的距离可以看作相等的,所以在一定的温度和压强下任何气体的体积的大小只随分子数目的多少而发生变化。1 mol 任何气体的体积在标准状况下都约为 22.4 L,因此,在标准状况下 22.4 L 任何气体中都含有 N_A 个分子,约等于 6.02×10^{23} 个分子。即在相同的温度和压强下,相同体积的任何气体都含有相同数目的分子,这个结论已被大量的实验所证实,被称为阿伏伽德罗定

律。其数学表达式是:

$$\frac{N_1}{N_2} = \frac{V_1}{V_2} \quad (同温、同压)$$

由此可以推论出:

$$\frac{n_1}{n_2} = \frac{V_1}{V_2} \quad (同温、同压)$$

综上所述,在表示气体体积的大小时,只要指明物质的量、温度和压强,而不需要说明是什么分子构成的气体。

气体摩尔体积的计算是学习化学过程中的基本计算之一。在标准状况下,气体的体积、物质的量和摩尔体积的关系是:

$$n = \frac{V}{V_m} = \frac{V}{22.4 \ L \cdot mol^{-1}}$$

通过上式,可以计算标准状况下气体的体积。

例题 3　在标准状况下,42 g CO 的体积是多少?

分析:在标准状况下,1 mol 任何气体的体积都约为 22.4 L。只要知道 42 g CO 的物质的量,就可以通过标准状况下的气体摩尔体积计算出 42 g CO 在标准状况时的体积。

解:

$$n(CO) = \frac{m(CO)}{M(CO)} = \frac{42 \ g}{28 \ g \cdot mol^{-1}} = 1.5 \ mol$$

1.5 mol CO 在标准状况下的体积为

$$V(CO) = V_m n(CO) = 22.4 \ L \cdot mol^{-1} \times 1.5 \ mol = 33.6 \ L$$

例题 4　在标准状况下,测得 0.9 g 某气体体积为 672 mL。计算此气体的相对分子质量。

分析:物质的相对分子质量与该物质的摩尔质量以 g 计时在数值上是相等的,因此,要求得某物质的相对分子质量,首先就要计算出该物质的摩尔质量。按照题目中所给的条件,首先可以根据在标准状况下气体的体积和质量,先计算出气体分子的物质的量,然后计算出摩尔质量即可:

$$n = \frac{V}{V_m} = \frac{0.672 \ L}{22.4 \ L \cdot mol^{-1}} = 0.03 \ mol$$

$$M = \frac{m}{n} = \frac{0.96 \ g}{0.03 \ mol} = 32 \ g \cdot mol^{-1}$$

即该气体的相对分子质量为 32。

三、物质的量的应用

物质的量应用在实验中,使实验数据的处理变得简便。在生产和科学实验中,我们经常要使用溶液,多数情况下取用溶液时,一般不是去称量它的质量,而是要量取它的体积。同时,物质在发生化学反应时,反应物的物质的量之间存在着一定的关系,且化学反应中各物质之间的物质的量的关系要比它们之间的质量关系简单得多。所以,知道一定体积的溶液中含有的溶质的物质的量,对于生产和科学实验来说,溶液中的化学反应各物质之间的量的计算变得非常便利。

现在我们学习一种常用的,更便于计算的表示溶液组成的物理量即物质的量浓度。

以单位体积溶液中所含溶质的物质的量来表示溶液组成的物理量,叫作该溶液中溶质的物质的量浓度。物质的量浓度的符号为 c,常用的单位为 $mol \cdot L^{-1}$ 或 $mol \cdot m^{-3}$。

在一定物质的量浓度的溶液中,溶质的物质的量(n)、溶液的体积(V)与溶质的物质的量浓度(c)之间的关系可以用下面的式子表示:

$$c = \frac{n}{V}$$

按照物质的量浓度的定义,如果在 1 L 溶液中含有 1 mol 的溶质,这种溶液中溶质的物质的量浓度就是 $1\ mol \cdot L^{-1}$。例如,H_2SO_4 的摩尔质量为 $98\ g \cdot mol^{-1}$,在 1 L 含有 49 g H_2SO_4 的溶液中,H_2SO_4 的物质的量浓度就是 $0.5\ mol \cdot L^{-1}$;1 L 溶液中若含有 98 g H_2SO_4,则溶液中 H_2SO_4 的物质的量浓度为 $1\ mol \cdot L^{-1}$;1 L 溶液中若含有 196 g H_2SO_4,则溶液中 H_2SO_4 的物质的量浓度为 $2\ mol \cdot L^{-1}$。

在实验室中配制溶液所用的溶质,不仅是用固体物质,还常常用浓溶液来配制所需的稀溶液。

我们知道,无论将浓溶液如何稀释,虽然溶液的体积发生了变化,但溶液中溶质的物质的量不变。即在浓溶液稀释前后,溶液中溶质的物质的量相等。

在用浓溶液配制稀溶液时,常用下面的式子(又称稀释定律)计算有关的量:

$$c_{浓溶液} V_{浓溶液} = c_{稀溶液} V_{稀溶液}$$

物质的量浓度的计算主要包括已知溶质的质量和溶液的体积,计算溶液中溶质的物质的量浓度。配制一定物质的量浓度溶液时所需溶质的质量和溶液体积的计算等。

进行这类化学计算时,经常要用到下面的关系式:

$$c = \frac{n}{V}$$

例题 5 将 24 g 无水 $CuSO_4$ 溶于水中,配成 250 mL 溶液。计算所得溶液中溶质的物质的量浓度。

分析: 物质的量浓度就是单位体积溶液中所含溶质的物质的量。因此,本题可以根据物质的量浓度的概念及溶质的质量、物质的量和摩尔质量的关系进行计算。

解: 24 g 无水 $CuSO_4$ 的物质的量为

$$n(CuSO_4) = \frac{m(CuSO_4)}{M(CuSO_4)} = \frac{24\ g}{160\ g \cdot mol^{-1}} = 0.15\ mol$$

溶液中 $CuSO_4$ 的物质的量浓度为

$$c(CuSO_4) = \frac{n(CuSO_4)}{V} = \frac{0.15\ mol}{0.25\ L} = 0.6\ mol \cdot L^{-1}$$

例题 6 配制 500 mL 0.1 $mol \cdot L^{-1}$ Na_2CO_3 溶液,需要 Na_2CO_3 的质量是多少?

分析: 可以根据题意先计算出 500 mL 0.1 $mol \cdot L^{-1}$ Na_2CO_3 溶液中溶质的物质的量,然后再利用

Na_2CO_3 的摩尔质量,计算出所需的 Na_2CO_3 的质量。

解:500 mL 0.1 mol·L^{-1} Na_2CO_3 溶液中 Na_2CO_3 的物质的量为

$$n(Na_2CO_3) = c(Na_2CO_3) \cdot V = 0.1 \ mol·L^{-1} \times 0.5 \ L = 0.05 \ mol$$

0.05 mol Na_2CO_3 的质量为

$$m(Na_2CO_3) = n(Na_2CO_3) \cdot M(Na_2CO_3) = 0.05 \ mol \times 106 \ g·mol^{-1} = 5.3 \ g$$

例题 7 配制 100 mL 2 mol·L^{-1} HCl 溶液,需要 12 mol·L^{-1} HCl 溶液的体积是多少?

分析:在用水稀释浓溶液时,溶液的体积发生了变化,但溶液中溶质的物质的量不变。

解:设配制 100 mL(V_1)2 mol·L^{-1}(c_1)HCl 溶液,需要 12 mol·L^{-1}(c_2)HCl 溶液的体积为 V_2。

根据稀释定律:

$$V_2 = \frac{V_1 \times c_1}{c_2} = \frac{100 \ mL \times 2 \ mol·L^{-1}}{12 \ mol·L^{-1}} = 16.7 \ mL$$

物质的量也可以应用于化学反应方程式的计算。我们知道,化学反应方程式可以明确地表示出化学反应中各种粒子之间的数目关系。这些粒子之间的数目关系,也就是化学计量数的关系。例如,

	$FeCl_3$	+	$3NaOH$	==	$3NaCl$	+	$Fe(OH)_3$
化学计量数之比	1	:	3	:	3	:	1
扩大 6.02×10^{23} 倍	$1 \times 6.02 \times 10^{23}$	:	$3 \times 6.02 \times 10^{23}$	:	$3 \times 6.02 \times 10^{23}$	:	$1 \times 6.02 \times 10^{23}$
物质的量之比	1 mol	:	3 mol	:	3 mol	:	1 mol

从这个例子可以看出,化学反应方程式中各物质的化学计量数之比,等于组成各物质的粒子数之比,因而也等于各物质的物质的量之比。因此,将物质的量(n)、摩尔质量(M)、摩尔体积(V_m)、物质的量浓度(c)等概念应用于化学反应方程式进行计算时,对于定量地研究化学反应中各物质之间的量的关系,所进行的有关计算会更加方便和快捷。

例题 8 将 6.5 g 金属锌放入 100 mL 盐酸中恰好完全反应,则反应中生成的 H_2 的物质的量是多少?盐酸的物质的量浓度是多少?

解:设生成的 H_2 的物质的量为 $n(H_2)$,盐酸的物质的量浓度为 $c(HCl)$。

根据化学反应方程式中各物质之间的化学计量数的关系可知:

	Zn	+	$2HCl$	==	$ZnCl_2$	+	$H_2 \uparrow$
	1 mol	:	2 mol	:	1 mol	:	1 mol
	$\dfrac{6.5 \ g}{65 \ g·mol^{-1}}$	:	$n(HCl)$	:		:	$n(H_2)$

$$n(H_2) = \frac{6.5 \ g}{65 \ g·mol^{-1}} = 0.1 \ mol$$

$$n(HCl) = \frac{6.5 \ g}{65 \ g·mol^{-1}} \times 2 = 0.2 \ mol$$

$$c(HCl) = \frac{0.2 \ mol}{0.1 \ L} = 2 \ mol·L^{-1}$$

课外阅读

阿伏伽德罗

阿莫迪欧·阿伏伽德罗（Amedeo Avogadro，1776—1856），意大利科学家。1776 年生于都灵，1856 年 7 月 9 日卒于同地。1796 年获都灵大学法学博士学位。毕业后曾当过律师。1800 年开始研究物理学和化学。1809 年被聘为范赛里学院自然哲学教授。1820 年任都灵大学数学和物理学教授，曾一度被解职而于 1834 年又重任该校教授，直到 1850 年退休。他是都灵科学院院士，还担任过意大利度量衡学会会长，并促使意大利采用公制。

图 1-4 阿伏伽德罗

阿伏伽德罗（见图 1-4）毕生致力于化学和物理学中关于原子论的研究。当时由于道尔顿和盖·吕萨克的工作，近代原子论处于开创时期，阿伏伽德罗从盖·吕萨克定律得到启发，于 1811 年提出了一个对近代科学有深远影响的假说：在相同温度和相同压强的条件下，相同体积的任何气体总具有相同的分子个数。但他这个假说长期不为科学界所接受，主要原因是当时科学界还不能区分分子和原子，同时由于有些分子发生了解离，出现了一些阿伏伽德罗假说难以解释的情况。直到 1860 年，阿伏伽德罗假说才被普遍接受，后称为阿伏伽德罗定律。阿伏伽德罗定律对科学的发展，特别是相对原子质量的测定工作，起了重大的推动作用。

选自百度百科

思考与练习

一、填空题

1. 0.5 mol H_2O 中约含有_____个 H_2O。

2. 2 mol H_2O 中含有_____个 H_2O，_____个 H。

3. 1 mol H_2SO_4 中含有_____个 H_2SO_4，_____个 SO_4^{2-}。

4. 3 个水分子中有_____个电子，1 mol H_2O 中有_____个电子。

5. NaCl 的摩尔质量是_____。

二、选择题

1. 下列说法正确的是(　　)。

A. 物质的量可以理解为物质的质量或物质的数量

B. 物质的量就是物质的粒子数目

C. 物质的量是量度物质所含微观粒子多少的一个物理量

D. 物质的量的单位——mol 只适用于分子、原子和离子

2. 等物质的量的 NH_3 和 CH_4 相比较，下列结论错误的是(　　)。

A. 它们的分子数之比为 1∶1　　　　　　B. 它们的氢原子数之比为 3∶4

C. 它们的质量之比为 1∶1　　　　　　　D. 它们的原子数之比为 4∶5

3. 在同温、同压、同体积的两个容器中,一个盛有一氧化氮,另一个盛有氧气和氮气,则两个容器内的气体一定具有相同的(　　　　)。

A. 原子总数　　　　B. 质子总数　　　　C. 分子总数　　　　D. 质量

4. 在化学领域,通常所说的"溶液浓度",其单位是(　　　　)。

A. %　　　　　　　B. $L \cdot mol^{-1}$　　　　C. $mol \cdot L^{-1}$　　　　D. $g \cdot cm^{-3}$

三、判断题

1. 22.4 L 气体中一定含有 N_A 个分子。(　　　　)

2. N_2 和 CO 的摩尔质量都是 28 g。(　　　　)

3. 配制 500 mL 0.2 $mol \cdot L^{-1}$ 的 $CuSO_4$,需要称量 25 g 胆矾。(　　　　)

4. 体积相同的任何气体中所含有的分子数一定相等。(　　　　)

5. 任何气体的摩尔体积都约为 22.4 $L \cdot mol^{-1}$。(　　　　)

6. 物质的量相同的不同物质的固体,其体积可能是不同的。(　　　　)

四、计算题

1. 28.4 g Na_2SO_4 溶于水,配成 1 L 溶液,溶液中存在的溶质粒子是什么?溶质粒子的物质的量各是多少?

2. 1.5 mol Na、3.45 mol H 的质量各是多少?

3. 标准状况下,15.4 g CO_2 的体积是多少毫升?

本章小结

1. 化学是在原子和分子水平上研究物质的组成、结构、性质、变化规律、制备和应用等的自然科学。

2. 化学的发展历史与人类社会的关系密不可分。化学发展史大致可分为五个时期。

3. 学会科学的探究和科学的学习方法非常重要,幼儿园科学领域的教育教学需要掌握一定的化学知识与技能。

4. 物质的量、物质的摩尔质量、阿伏伽德罗常数、气体摩尔体积、溶质的物质的量浓度等是几个重要的概念,利用它们之间的关系在化学学习和研究中进行有关计算非常实用和便利。

复习题

一、填空题

1. 将 40 g NaOH 配成 2 L 溶液,物质的量浓度为＿＿＿＿＿＿＿。

2. 标准状况下 22.4 L HCl 配成 0.5 L 盐酸,物质的量浓度为＿＿＿＿＿＿。

3. 物质的量浓度为 2 $mol \cdot L^{-1}$ 的 H_2SO_4 溶液 500 mL,含 H_2SO_4 的物质的量为＿＿＿＿

_____。

4. 将 10 mol HCl 与水配成 _____ L,就是物质的量浓度为 2 mol·L^{-1}的盐酸。

二、选择题

1. 下列有关气体体积的叙述中,正确的是（　　）。

A. 一定温度和压强下,各种气体体积的大小,由构成气体的分子的大小决定

B. 一定温度和压强下,各种气体体积的大小,由构成气体的分子数决定

C. 不同的气体,若体积不同,则它们所含的分子数也不同

D. 气体摩尔体积是指 1 mol 任何气体所占的体积都约为 22.4 L

2. N_A 表示阿伏伽德罗常数,下列说法中,正确的是（　　）。

① 4.6 g Na 作为还原剂可提供的电子数为 0.2 N_A;② 在标准状况下,11.2 L SO_2 中所含的氧原子数为 N_A;③ 在标准状况下,5.6 L HCl 中所含的电子数为 $9N_A$;④ 在常温、常压下,1 mol He 中所含有的原子数为 N_A;⑤ 在同温、同压时,相同体积的任何气体单质中所含的原子数相同;⑥ 在 25 ℃,压强为 $1.01×10^5$ Pa 时,11.2 L 氮气中所含的原子数为 N_A

A. ①③⑤　　　　　　B. ②④⑥　　　　　　C. ①②④　　　　　　D. ③⑤⑥

3. 下列说法中,正确的是（　　）。

A. 1 mol 任何物质都含有阿伏伽德罗常数个分子

B. 等质量的 CO 与 N_2 中所含的原子数、分子数均相等

C. 磷酸与硫酸的摩尔质量相等,均为 98 g

D. 含氧元素质量相等的 SO_2 与 SO_3 中,含分子数也相等

三、计算题

1. 将 16 g $CuSO_4$ 粉末配制成 1 L 溶液,问 $c(CuSO_4)$ 为多少? 从中取出 100 mL 该 $CuSO_4$ 溶液,问该 100 mL 溶液中 $c(CuSO_4)$ 为多少? $c(Cu^{2+})$ 和 $c(SO_4^{2-})$ 又各为多少?

2. 34.2 g $Al_2(SO_4)_3$（M = 342 g·mol^{-1}）配制成 1 L 溶液,问 $c[Al_2(SO_4)_3]$、$c(Al^{3+})$、$c(SO_4^{2-})$、$m(Al^{3+})$、$n(Al^{3+})$ 各为多少?

3. 100 mL 溶液中含有 5.85 g NaCl 和 11.1 g $CaCl_2$,该溶液中 Cl$^-$ 的物质的量浓度为多少?

第二章　化学物质与化学反应

学习提示

人类一直在不停地探索构成宇宙的成分。目前已知地球上有100多种元素,它们通过不同的组合方式组成了几千万种物质,在适合的条件下物质之间可以通过化学反应互相转变。

学习目标

通过本章的学习,将实现以下目标:

★ 了解物质分类和两种常用的分类方法。

★ 了解分散系的类型和特点。

★ 明确离子反应的实质。

★ 了解氧化还原反应的实质和现实意义。

本章我们将探索用不同的方式把纷繁复杂的物质进行分类,并了解多种常见化学反应的类型,特别是离子反应和氧化还原反应。

第一节　物质及其简单分类

在我们的周围环境中,存在着土壤、空气、水、铁、蛋白质、淀粉、维生素等常见的物质。经过长期的研究,人们已经能区分并掌握数千万种物质的性质及其用途,并根据不同的方式进行分类。

一、物质的简单分类

不含有其他成分的单一的物质称为纯净物,如氧气。环境中的空气、土壤、矿石等材料大多数是由多种物质混合而成的,称为混合物。

在纯净物中,由同种元素组成的物质称为单质,如氧气由氧元素组成,石墨由碳元素组成;由多种元素组成的物质称为化合物,如二氧化碳由氧和碳两种元素组成,葡萄糖由碳、氢、氧三种元素组成等。

单质分为金属、非金属和稀有气体三类。金、银、铜、铁、锡五种常见金属被人们俗称为"五金";存在于温泉中的硫黄是自然界中的非金属单质,具有杀菌消毒作用,可以帮助治疗疥、癣等皮肤病;稀有气体指氦、氖、氩、氪、氙、氡等,各种稀有气体在通电时会发出不同颜色的光,常用于制作广告霓虹灯。

化合物可以分为氧化物、酸、碱、盐等,如初中化学介绍的盐酸、熟石灰、硫酸铜等,分别属于无机化合物中的酸、碱、盐。

综上所述,在化学体系中自然界的各种物质可以被一层一层地区分开来,像一棵大树,由根部开始,有树干、很多的树枝、无数的树叶等,这种分类形式称为树状分类法,如图 2-1 所示。

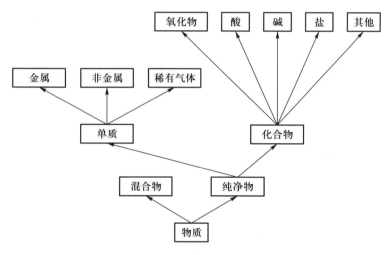

图 2-1 物质的树状分类

随着科学技术的进步,物质的分类越来越细致。根据同一种物质有时兼有多项特征的特点,又可对物质进行交叉分类。如硫酸铜,其结构中有铜离子和硫酸根离子,可称为铜盐,也可称为硫酸盐,这种分类方法叫作交叉分类法,如图 2-2 所示。又如从不同的角度分析盐酸,可称为强酸,也可称为一元酸,甚至叫作无氧酸。

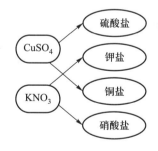

图 2-2 物质的交叉分类

二、分散系及其分类

混合物是由多种物质组成的,混合物可以看作一种或多种物质分散在另一种物质中而形成的体系——分散系。如海水是由大量的食盐及其他物质分散在水中所组成的。在分散系中,被分散的物质叫作分散质,而把分散质容纳在其中的物质叫作分散剂。如盐水中,盐是分散质,水是分散剂。空气也是一个分散系,可被看作由氧气、二氧化碳、水、稀有气体和尘埃等组成的分散质分散在氮气这种分散剂中。

【实验2-1】   如图2-3所示,分别把激光射入硫酸铜溶液、泥水浊液和氢氧化铁胶体中,观察光线穿透的现象。

硫酸铜溶液   泥水浊液   氢氧化铁胶体

图2-3   激光通过三种分散系

硫酸铜溶液清澈透明,激光笔发出的强光在其中不留痕迹。泥水浊液很浑浊,激光在泥水浊液中被阻挡而逐渐减弱。氢氧化铁胶体中没有太大的微粒,外观透明,激光被微粒散射,出现了一条光的通路,被人们称为丁达尔现象或丁达尔效应。

丁达尔现象是英国物理学家约翰·丁达尔(J.Tyndall,1820—1893)在1869年发现的。在光的传播过程中,光线照射到粒子时,若粒子直径大于入射光波长很多倍(如泥水浊液中的泥土微粒),则人们可以看到被反射的光线;如果粒子直径小于入射光波长,则有两种情况:若粒子直径小于1 nm①(如硫酸铜溶液中的各种微粒),被反射的光线太微弱而让人无法察觉;若粒子直径为1~100 nm(如氢氧化铁胶体中的微粒),入射光线被散射,光波环绕微粒而向其四周放射,称为散射光或乳光。胶体中的丁达尔现象是胶体分散质微粒(直径为1~100 nm)对可见光(波长为400~700 nm)散射而形成的,如图2-4所示。

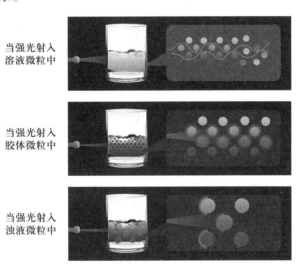

当强光射入
溶液微粒中

当强光射入
胶体微粒中

当强光射入
浊液微粒中

图2-4   强光通过溶液、胶体及浊液

———————————

①   纳米(符号为 nm)是长度单位,是 10^{-9} m。

在茂密的树林中,常可看到枝叶间透过的一道道光柱,如图 2-5 所示,这是因为树林空气中部分微小的尘埃或液滴对阳光起散射作用而产生丁达尔现象。

图 2-5 自然界中的丁达尔现象

1. 分散系的种类

分散系一般按分散质微粒大小分类。若分散系中分散剂为液体,则分散质微粒直径小于 1 nm 的分散系称为溶液;分散质微粒直径大于 100 nm 的分散系称为浊液;分散质微粒直径介于 1~100 nm 的分散系称为胶体。根据分散剂状态的不同,胶体可分为气溶胶、液溶胶和固溶胶,分散剂为气体的胶体是气溶胶,如阴霾的空气;分散剂为液体的胶体是液溶胶,如牛奶;分散剂为固体的胶体是固溶胶,如玻璃、翡翠、玉器等,如图 2-6 所示。

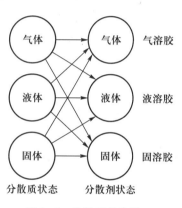

图 2-6 分散系的种类

2. 胶体的性质和用途

在外界条件不变的情况下,溶液状态稳定,没有丁达尔现象;浊液不稳定,丁达尔现象不明显;而胶体的稳定性则介于溶液和浊液之间,可称为介稳定状态,有丁达尔现象。胶体的稳定性与其微粒的大小有关,大小适当的微粒可能因布朗运动而维持相对的稳定状态,也可能是微粒的表面积较大,吸附着同种电荷而产生了相互排斥作用从而使胶体保持着相对稳定。化工工业方面利用胶体的这种稳定性生产各种涂料,如乳胶漆;食品加工业利用胶体的稳定性制作各种精美的食品,如果冻等。

人们利用强光照射空气或水汽时产生的丁达尔现象,展现出类似 2010 年广州亚运会开幕式的绚丽场景,如图 2-7 所示。

近年来肆虐我国北方的沙尘暴,如图 2-8 所示,其产生的原因与胶体的稳定性有关。据分析,土壤、黄沙的主要成分是硅酸盐,当天气干旱、少雨且气温变暖时,硅酸盐表面的硅酸失去水分,这样硅酸盐土壤胶团、沙粒表面就会带有负电荷,相互之间产生排斥作用,成为气溶胶而不能凝聚在一起,从而形成扬沙即沙尘暴。沙尘暴本质上是带有负电荷的硅酸盐气溶胶。所以,要降服沙尘暴,就要针对其产生原因,采取植树造林等有效的措施,让沙尘暴中的微粒聚沉下来或把它消灭在初始状态。

图 2-7　广州亚运会开幕式场馆的射灯效果　　　　　　　　图 2-8　沙尘暴

课外阅读

胶体的其他性质和用途

【家庭实验】　轻轻地敲破生鸡蛋大头一端的外壳,小心剥掉硬壳,露出约 1 cm² 鸡蛋内膜,把鸡蛋放入一碗饱和食盐水中浸泡 24 h,取出鸡蛋观察并蒸熟,尝尝蛋白是否有咸味。

　　鸡蛋的内膜是一种特殊的薄膜,鸡蛋清胶体不能通过这层薄膜外流,而食盐溶液中的微粒则可以进入鸡蛋里。这样一种对不同物质微粒的通过具有选择性的薄膜称为半透膜,又称为选透膜,如细胞膜、膀胱膜、羊皮纸及人工制成的胶棉薄膜等。半透膜孔隙的大小比离子和小分子大但比胶体微粒小,胶体微粒不能通过半透膜。人们常吃的咸蛋正是运用这个原理制作而成的;医学上也是运用上述原理为肾衰竭患者进行血液透析的。

　　日常生活中常见的鸡蛋清、果冻、动物血液、墨水等物质都属于胶体。一般情况下,胶体比较稳定,但当条件发生改变时,就会发生聚沉现象,如鸡蛋清受热而变为白色固体;把明矾加入泥水中可以加快净水的速度等。

　　胶体的稳定性和容易聚沉的性质常被应用于生产和生活中。如豆浆就是一种胶体,口感香甜细滑,营养丰富,易于消化吸收;往豆浆中加入石膏或其他凝固剂,其中的蛋白质会凝聚成豆腐。

思考与练习

一、填空题

1. 常见的金属单质有_____、_____、_____、_____等。

2. 常见的氧化物有_____、_____、_____、_____等。

3. 既被称为钠盐,又可以被称为碳酸盐的物质是_____。

二、选择题

1. 液氧属于(　　　)。

A. 化合物   B. 混合物   C. 单质   D. 氧化物

2. 下列分散系不属于胶体的是( )。

A. 食盐水   B. 浑浊的空气   C. 过滤后的泥水   D. 鸡蛋清

3. 当强光射入胶体中时出现丁达尔现象,原因是胶体中的微粒直径( )。

A. 小于 1 nm   B. 大于 1 nm   C. 介于 1~100 nm   D. 大于 100 nm

三、判断题

1. 在外界条件不变的情况下,胶体有很强的稳定性。( )

2. 来自江、河、湖、泊的水都是混合物。( )

3. 大气中出现的雾、烟、霾都属于胶体。( )

四、家庭实验

把橙汁倒入牛奶或豆浆中,观察现象,查阅有关胶体的资料,解释原因。

第二节 电解质及离子反应

初中化学已介绍了几种化学反应的类型,如化合反应、分解反应、置换反应和复分解反应等。上述反应类型是以物质种类变化作为区分的依据,如化合反应表示由多种物质发生反应生成一种物质;分解反应正好相反,表示由一种物质发生反应生成多种物质;置换反应是指由一种单质和一种化合物反应生成另一种单质和另一种化合物。本节将从离子的角度来探索化学反应的本质。

一、电解质

现在从离子的角度分析化学反应,根据化学反应过程中是否有离子参加,以判定该反应是离子反应还是非离子反应。

讨 论

请分析硫酸、盐酸和硝酸溶液中含有哪些离子? 其中哪种离子在三种酸溶液中都存在?

根据初中的化学知识,在水溶液或熔融状态下能电离[①]的化合物叫作电解质,不能电离的化合物叫作非电解质。氯化钠是一种电解质,熔融状态下和水溶液中有钠离子和氯离子。图 2-9 表示氯化钠在水溶液中电离的过程。

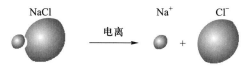

图 2-9 NaCl 在水溶液中电离示意图

---

① "电离"现多称作"解离"。

电解质的电离可以用电离方程式表示：

硫酸 $\qquad\qquad$ $H_2SO_4 = 2H^+ + SO_4^{2-}$

盐酸 $\qquad\qquad$ $HCl = H^+ + Cl^-$

硝酸 $\qquad\qquad$ $HNO_3 = H^+ + NO_3^-$

以上电离方程式显示酸溶液中的阳离子全部都是氢离子。

氢氧化钠 $\qquad$ $NaOH = Na^+ + OH^-$

氯化钠 $\qquad\quad$ $NaCl = Na^+ + Cl^-$

醋酸 $\qquad\qquad$ $CH_3COOH \rightleftharpoons CH_3COO^- + H^+$（属可逆过程）

常见的酸、碱、盐在水中都有不同程度的溶解并电离，属于电解质。其中的强酸、强碱和大部分的盐在水中电离程度大，属于强电解质；而弱酸、弱碱和水电离程度小，属于弱电解质，如醋酸。自然界中的水含有多种矿物质，其中有些发生电离，导致水中富含各种离子，如矿泉水中含钙离子、镁离子、氯离子、硫酸根离子等，所以自然界中的水有较强的导电能力。

> **讨论**
>
> 用电安全守则告诉人们，不能用湿毛巾擦拭带电的用品，否则会造成触电事故。请你解释其中的原因。

人的体液中含有多种电解质，若遇大量出汗或腹泻而造成体液流失时，人体会出现缺水，电解质代谢紊乱，严重时可导致死亡。所以，剧烈的体力活动后要及时补充一些淡盐水。

二、离子反应及其发生的条件

根据化学反应中是否有离子参与，人们把化学反应分为离子反应和非离子反应。初中化学介绍的复分解反应就属于离子反应。下面让我们观察实验 2-2 的现象，记录在表 2-1 中，以了解离子反应的特点。

【实验 2-2】 取四支小试管，按表 2-1 图示操作，观察实验现象并解释原因。

表 2-1　离子反应实验

实验装置	实验现象	解释
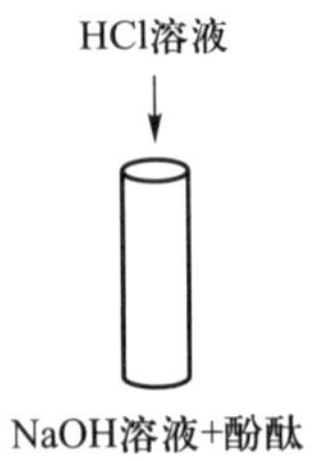 HCl溶液 ↓ NaOH溶液+酚酞		

实验装置	实验现象	解释
HCl溶液 ↓ Na₂CO₃溶液		
BaCl₂溶液 ↓ CuSO₄溶液		
KNO₃溶液 ↓ NaCl溶液		

上述实验现象显示:复分解反应发生的条件是溶液中各种离子互相结合生成水(难以电离的物质)、气体或沉淀等物质。

把盐酸逐滴加入 NaOH 溶液中,所得溶液中有大量的 Na^+、OH^-、H^+ 和 Cl^-,这些离子在水分子无规则运动的冲撞下,会发生相互碰撞,其中部分 H^+ 和 OH^- 结合成难以电离的 H_2O,使溶液中的 H^+ 和 OH^- 不断减少,溶液由原来的碱性逐渐变为中性,而 Na^+ 和 Cl^- 数量不变,即实际发生反应的是 H^+ 和 OH^- 结合成 H_2O。同理,若溶液中的不同离子发生碰撞形成沉淀或气体而离开原来的体系,也使某类离子的数量发生变化而发生离子反应。如将 HCl 溶液滴入 Na_2CO_3 溶液中,产生大量 CO_2,实质上是消耗了大量 H^+ 和 CO_3^{2-},而 Na^+ 和 Cl^- 数量维持不变。

并非所有存在离子的混合物都能发生离子反应,如在 KNO_3 和 NaCl 的混合溶液中,各种离子的数量没有改变,即没有发生离子反应。

既然某些化学反应中实际上只是部分离子参加了反应,其反应用离子反应式表示即可。如 NaOH 和 HCl 的中和反应中 Na$^+$ 和 Cl$^-$ 数量不变,即实际参与反应的只是 H$^+$ 和 OH$^-$ 结合成 H$_2$O,所以其离子反应式为

$$H^+ + OH^- \Longrightarrow H_2O$$

而 KOH 和 HNO$_3$ 的离子反应式同样是

$$H^+ + OH^- \Longrightarrow H_2O$$

由此可见,酸碱中和反应可以用离子反应式 H$^+$ + OH$^- \Longrightarrow$ H$_2$O 表示。也就是说,离子反应式不仅可以代表个别反应,还可代表同一类型反应。

离子反应式书写步骤如下(以 BaCl$_2$ 和 CuSO$_4$ 的反应为例):

(1) 写出正确的化学反应方程式

$$BaCl_2 + CuSO_4 \Longrightarrow BaSO_4 \downarrow + CuCl_2$$

(2) 把能电离的物质写成离子的形式,保留难以电离的物质

$$Ba^{2+} + 2Cl^- + Cu^{2+} + SO_4^{2-} \Longrightarrow BaSO_4 \downarrow + Cu^{2+} + 2Cl^-$$

(3) 删除方程式两边相同的离子

$$Ba^{2+} + SO_4^{2-} \Longrightarrow BaSO_4 \downarrow$$

(4) 检查式子,要求符合质量守恒和电荷守恒规则

课外阅读

电 解 质

电解质是指在水溶液中或熔融状态下能够导电的化合物,如酸、碱和盐等。凡在上述情况下不能导电的化合物均叫作非电解质,如蔗糖、酒精等。

判断某化合物是否是电解质,不能只凭它在水溶液中导电与否,还需要进一步考察其晶体结构和化学键的性质等因素。例如,硫酸钡难溶于水(20 ℃ 时在 100 g 水中的溶解度为 2.4×10^{-4} g),溶液中离子浓度很小,其水溶液不导电,似乎为非电解质,但溶于水的那小部分硫酸钡则几乎完全电离(20 ℃ 时硫酸钡饱和溶液的电离度为 97.5%)。因此,硫酸钡是电解质。碳酸钙和硫酸钡具有类似的情况,也是电解质。从结构上看,对其他难溶盐,只要是离子型化合物或强极性共价型化合物,都是电解质。

氢氧化铁的情况则比较复杂,Fe^{3+} 与 OH$^-$ 之间的化学键带有共价性质,它的溶解度比硫酸钡还要小(20 ℃ 时在 100 g 水中的溶解度为 9.8×10^{-5} g);而且溶于水的部分中,少量又有可能形成胶体,但其余能电离成离子,所以氢氧化铁也是电解质。

判断氧化物是否为电解质,也要做具体分析。非金属氧化物,如 SO$_2$、SO$_3$、P$_2$O$_5$、CO$_2$ 等,它们是共价型化合物,液态时不导电,所以不是电解质。有些氧化物在水溶液中即便能导电,也不是电解质,因为这些氧化物与水反应生成了新的能导电的物质,溶液中导电的不是原氧化物。如 SO$_2$ 本身不能电离,而它和水反应,生成亚硫酸,亚硫酸为电解质。金属氧化物,如 Na$_2$O、MgO、CaO、Al$_2$O$_3$ 等是离子型化合物,它们在熔融状态下能够导电,因此是电解质。

可见,电解质包括离子型或强极性共价型化合物;非电解质包括弱极性或非极性共价型化合物。电解质水溶液能够导电,是因为电解质可以电离成离子。至于物质在水中能否电离,是由其结构决定的。因此,由物质结构识别电解质与非电解质是问题的本质。

选自新浪爱问

思考与练习

一、填空题

1. 氯化钠在水溶液中电离成_____和_____。

2. 常见的电解质有_____、_____和_____。

3. 物质间发生复分解反应必定伴随有_____、_____或_____生成。

二、选择题

1. 下列各组离子组合中,能大量共存的是( )。

A. Na^+,K^+,OH^-,Cl^-　　　　　B. Cu^{2+},K^+,OH^-,NO_3^-

C. H^+,Ba^{2+},Cl^-,OH^-　　　　D. K^+,CO_3^{2-},NO_3^-,H^+

2. 下列可以导电的物质为( )。

A. 氯化钠晶体　　　　　　　　B. 盐酸

C. 纯水　　　　　　　　　　　D. 蔗糖溶液

3. 下列属于弱电解质的是( )。

A. 硫酸　　　　　　　　　　　B. 氢氧化钙

C. 氯化钾　　　　　　　　　　D. 醋酸

三、判断题

1. 电解质是可以导电的物质。( )

2. 所有电解质在水中全部电离成离子。( )

3. 离子反应式代表同一类的反应,化学反应方程式仅代表某个化学反应。( )

四、写出下列化学反应的离子反应式

1. HNO_3 与 $NaOH$ 反应

2. HCl 与 Na_2CO_3 反应

3. $Ba(OH)_2$ 与 K_2CO_3 反应

4. $NaCl$ 与 $AgNO_3$ 反应

第三节　氧化还原反应

一、氧化还原反应概述

氧化还原反应广泛存在于环境中,如动植物的呼吸作用、食物腐败、金属锈蚀、天然气燃烧、烟花爆竹的燃放、炸弹爆炸等所发生的化学变化都属于氧化还原反应。

初中化学中曾介绍过一些简单的氧化还原反应,如氢气还原氧化铜等。此类反应中,物质在得到氧被氧化的同时,其中某种元素的化合价升高了;相反伴随物质失去氧被还原时,其中某种元素的化合价降低了。如下式所示:

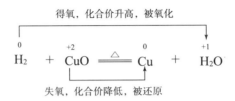

由此可知:在氧化还原反应中一定有元素化合价的变化。导致氧化还原反应中元素化合价改变的原因是什么? 请观察下面的反应式:

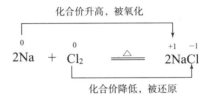

反应中,钠原子失去电子,形成钠离子;而氯原子得到电子,形成氯离子。钠离子与氯离子通过静电作用结合成氯化钠。如图 2-10 所示。

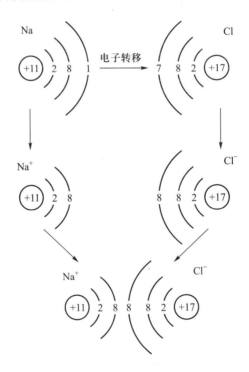

图 2-10　氯化钠的形成

> **讨论**
>
> 　　参照上述例子,判断以下化学反应是否属于氧化还原反应。反应中电子与原子的关系有什么样的变化?
>
> $$H_2 + Cl_2 \xrightarrow{\quad\quad} 2HCl$$

　　在化学反应中,物质中某元素的原子失去电子(或电子偏离)时,元素的化合价升高,该物质被氧化;同时,另外某种元素的原子得到电子(或电子偏向),元素的化合价降低,该物质被还原。

　　原子的电子数目发生改变或电子位置发生变化,元素的化合价便随之改变。人们可以通过观察化学反应中反应物和生成物元素化合价是否改变,以判断该反应是否属于氧化还原反应。例如:

化合价升高,被氧化

$$2\overset{+5}{K}\overset{-2}{Cl}O_3 \xrightarrow[\triangle]{催化剂} 2\overset{-1}{K}Cl + 3\overset{0}{O_2}\uparrow$$

化合价降低,被还原

此反应式两边元素化合价有改变,属于氧化还原反应。

$$\overset{+2}{Ca}\overset{+4}{C}\overset{-2}{O_3} \xrightarrow{高温} \overset{+2}{Ca}\overset{-2}{O} + \overset{+4}{C}\overset{-2}{O_2}\uparrow$$

此反应式两边元素化合价没有改变,不属于氧化还原反应。

二、氧化剂、还原剂

　　氧化剂是指在氧化还原反应中被还原的物质,而还原剂是指被氧化的物质。

　　观察下面两个化学反应方程式:

$$S + O_2 \xrightarrow{点燃} SO_2$$

$$S + H_2 \xrightarrow{点燃} H_2S$$

　　同样是硫单质,遇氧气被氧化,遇氢气被还原,即硫在不同的化学反应中有时作还原剂有时作氧化剂,所以氧化剂和还原剂是相对而言的。

　　【实验2-3】 比较铁、铜和银的还原性,如图2-11所示。

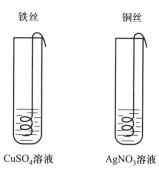

图2-11 比较铁、铜和银的还原性实验装置

　　实验现象显示铁丝能把铜从硫酸铜中还原出来,而铜可以把银从硝酸银中还原出来,表明铁的还原性比铜强,而铜的还原性比银强,也就是说物质的氧化性和还原性有强弱之分。

　　常见的氧化剂有氧气、氯气、过氧化氢、高锰酸钾、硝酸、浓硫酸等。强氧化剂容易引起可燃物燃烧、爆炸,释放有毒气体。如浓硝酸受光照分解生成二氧化氮有毒气体,遇可燃物时发生激烈反应引致爆炸,所以浓硝酸被列入易燃易爆违禁物品,不允许乘客携带乘坐公共交通工具。

　　常见的还原剂有碳、氢气、一氧化碳、锌和铁等活泼的金属,葡萄糖和维生素 C 也具有还原性。碳、氢气、一氧化碳常用于冶炼生铁和钢。中国古代人们最早掌握的湿法炼铜,是世界化学史上的一项发明。西汉《淮南子·万毕术》记载:曾青得铁则化为铜。就是说把铁放在曾青(硫酸铜水溶液)中,铜就被铁还原。

　　锂是一种非常活泼的金属。以锂离子为材料的锂离子电池有电压高、比能量大、循环寿命长、安全性能好、自放电小、可快速充放电等优点,被广泛利用于现代数码设备中。

　　氧化还原反应产生的巨大能量被应用在航天领域。我国长征二号 F 型运载火箭(见图 2-12)成功发射了"神舟"系列飞船,为我国成功实现载人航天飞行做出了历史

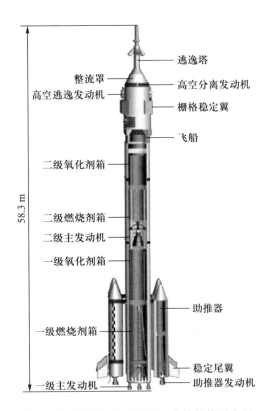

图 2-12　长征二号 F 型运载火箭结构示意图

性贡献。2011 年 9 月 29 日,用长征二号 F 型 T1 运载火箭,将中国全新研制的首个目标飞行器"天宫一号"发射升空。长征二号 F 型运载火箭的一子级和二子级使用偏二甲肼[$(CH_3)_2NNH_2$]和四氧化二氮(N_2O_4)作为推进剂,其中四氧化二氮为氧化剂,点火发生反应后生成大量 N_2、CO_2 和 H_2O,产生巨大的推动力。而长征三号甲运载火箭的三子级则使用效能更高的液氢(H_2)和液氧(O_2),反应后生成水。

思考与练习

一、填空题

1. 在氧化还原反应中,反应物的元素化合价升高,该种物质是_____;反应物的元素化合价降低,该种物质是_____。

2. 在化学反应中,某种元素的原子失去电子(或电子偏离),就导致该元素的化合价_____,同时某种元素的原子得到电子(或电子偏向),就导致该元素的化合价_____。

3. 氧化还原反应的实质是某种元素原子的电子数目改变或位置变化过程,一般伴随着_____的变化。

二、选择题

1. 下列属于常见氧化剂的是(　　)。

A. 氧气　　　　　　B. 稀有气体　　　　　　C. 氢气　　　　　　D. 氮气

2. 下列属于常见还原剂的是(　　)。

A. 黄金　　　　　　B. 氯气　　　　　　C. 氧化铜　　　　　　D. 一氧化碳

3. 在 $Fe+CuSO_4 \rightleftharpoons FeSO_4+Cu$ 反应中,属于还原剂的是(　　)。

A. Fe　　　　　　B. $FeSO_4$　　　　　　C. $CuSO_4$　　　　　　D. Cu

三、判断题

1. 在氧化还原反应中,氧化剂是被氧化的物质。(　　　)

2. 还原剂具有还原性。(　　　)

3. 在一个化学反应中,氧化剂和还原剂是共同存在的。(　　　)

四、分析题

我国古代炼铁的方法是在高温下,利用炭与氧气反应生成的一氧化碳把铁从铁矿石中还原出来。列出相关的反应式,并分析其中的氧化剂和还原剂分别是什么。

本章小结

一、物质分类

1. 两种常用的分类方法

{ 树状分类,如单质可以分为金属、非金属和稀有气体。
{ 交叉分类,如 $CaCO_3$ 可以称为钙盐和碳酸盐。

2. 分散系的类型和特点

$$分散系\begin{cases}溶液:溶质微粒直径小于 1\ nm。\\ 胶体:分散质微粒直径介于 1{\sim}100\ nm。\\ 浊液:分散质微粒直径大于 100\ nm。\end{cases}$$

二、电解质的电离和发生离子反应的实质

1. 电解质

定义:在水溶液或熔融状态下能导电的化合物叫作电解质。

酸、碱、盐都属于电解质。

电解质的电离可以用电离方程式表示。

2. 离子反应

定义:有离子参加的化学反应。

发生复分解反应的条件:参加反应的离子可以结合生成沉淀或气体或水等难溶、难电离的物质。

发生离子反应的实质:参加反应的离子结合成难溶或难电离物质的过程。

三、氧化还原反应的实质和现实意义

1. 氧化还原反应的实质

元素原子的电子数目改变或位置变化。电子数目、位置的改变会导致元素的化合价改变。因此,人们可以通过观察化学反应中反应物和生成物元素化合价是否改变以判断该反应是否为氧化还原反应。

2. 氧化还原反应的现实意义

氧化剂是指在氧化还原反应中被还原的物质,而还原剂是指氧化还原反应中被氧化的物质。氧化剂常用作助燃剂、杀菌消毒剂等;还原剂常用于冶金等。

复习题

一、填空题

1. 把下列物质分类,_____ 属于混合物,_____ 属于纯净物,_____ 属于单质,_____ 属于金属,_____ 属于非金属,_____ 属于氧化物,_____ 属于酸,_____ 属于碱,_____ 属于盐。

① 空气 ② 纯净水 ③ 铁 ④ 硫黄 ⑤ 盐酸 ⑥ 氢气 ⑦ 硫酸 ⑧ 石灰水 ⑨ 食盐 ⑩ 氢氧化钠

2. 写出下列物质在水溶液中的电离方程式

HNO_3:_____

KOH:_____

Na_2CO_3:_____

CH_3COOH:_____

3. 写出符合离子反应式 $Ca^{2+}+CO_3^{2-} = CaCO_3\downarrow$ 的化学方程式:

_____。

二、选择题

1. 加入氢氧化钾后,溶液中的原有离子的数目显著减少的是(   )。

A. 氢离子   B. 钡离子   C. 钠离子   D. 氯离子

2. 下列反应中,不属于氧化还原反应的是(   )。

A. $CH_4+2O_2 \xrightarrow{\text{点燃}} CO_2+2H_2O$ B. $2CO+O_2 \xrightarrow{\text{点燃}} 2CO_2$

C. $2KClO_3 \xrightarrow[\triangle]{MnO_2} 2KCl+3O_2\uparrow$ D. $Cu(OH)_2 \xrightarrow{\triangle} CuO +H_2O$

3. 长征二号 F 型运载火箭使用偏二甲肼$[(CH_3)_2NNH_2]$和四氧化二氮(N_2O_4)作为推进剂,发生反应后生成 N_2、CO_2 和 H_2O。则该反应中,N_2O_4(   )。

A. 只是氧化剂   B. 只是还原剂

C. 既是氧化剂又是还原剂   D. 既不是氧化剂又不是还原剂

三、判断题

1. 离子反应式 $H^+ + OH^- \xrightarrow{\quad} H_2O$ 表示强酸和强碱之间的中和反应。(   )

2. 在分解反应中,有单质生成的反应一定是氧化还原反应。(   )

3. 金属单质在化学反应中常作为氧化剂。(   )

学生实验

各类物质之间的转化、胶体的制取及性质实验

实验目的

巩固对物质分类、化学反应类型及发生离子反应的条件的认识。

实验用品

仪器:试管、小烧杯(100 mL)、石棉网、铁架台、酒精灯、火柴、玻璃棒

药品:CuO 粉末、稀 H_2SO_4 溶液、NaOH 溶液、$CuSO_4$ 溶液、$AgNO_3$ 溶液、$FeCl_3$ 固体

实验步骤

一、氧化物、酸、碱、盐之间的相互转化

1. 在试管中加入少量 CuO 粉末,滴入 2 mL 稀 H_2SO_4 溶液,振荡,观察并记录现象,分析原因。

2. 取上述试管中的蓝色液体注入试管内,逐滴加入 NaOH 溶液,直到不再产生沉淀为止,观察并记录现象,分析原因。

3. 往上述试管中逐滴加入稀 H_2SO_4 溶液,振荡,直到混合物全部变澄清,记录试管内物质形状和颜色的变化,分析原因。

二、$Fe(OH)_3$胶体的制取及丁达尔现象

1. 取适量(约一满药匙)$FeCl_3$固体放入小烧杯中,加入约 100 mL 水,搅拌,得到 $FeCl_3$溶液。

2. 往另一个小烧杯中加入 50 mL 水,置于铁架台的石棉网上,用酒精灯加热至沸腾,边搅拌边加入上述 $FeCl_3$溶液约 30 mL,继续加热至溶液颜色逐渐变深,得到 $Fe(OH)_3$胶体。

3. 用激光灯分别从侧面照射所配制的 $FeCl_3$ 溶液和 $Fe(OH)_3$ 胶体,观察是否出现丁达尔现象。

问题与讨论

1. 氧化物和酸、碱、盐之间可以互相转化吗? 请举例说明。

2. 溶液与胶体的主要区别是什么? 请举例说明。

第三章　典型的金属和非金属

学习提示

通过观察元素性质实验现象,了解典型金属、非金属元素的性质和用途,提高观察、分析问题的能力。通过典型的金属和非金属元素的结构、性质比较,找到相似和不同的原因,树立结构决定性质的观念,培养量变到质变的辩证唯物主义思想,为下一章学习元素周期律知识奠定基础。

学习目标

通过本章的学习,将实现以下目标:

★ 了解钠及碱金属的性质、用途。

★ 了解氯气及卤素的性质、用途。

★ 初步理解碱金属之间、卤素之间在性质上的差异和变化的规律。

第一节　碱　金　属

碱金属包括锂(Li)、钠(Na)、钾(K)、铷(Rb)、铯(Cs)、钫(Fr)①几种金属元素,它们的氧化物的水化物都是强碱,故称碱金属。本节主要学习钠的性质和用途,了解其他碱金属的性质。

一、钠

钠的化合物在自然界里分布很广。土壤中、天然水中及动植物体中都存在着钠的化合物。自然界找不到单质状态(游离态)的金属钠。1807 年,英国化学家汉弗莱·戴维通过电解熔融的氢氧化钠首次制出单质钠之后,人们才逐渐认识了钠的状态和性质。

1. 钠的物理性质

【实验 3-1】　用镊子取一小块金属钠,擦干表面煤油后,用小刀切去一端的表层,观察钠的颜色(见图 3-1)。

---

① 钫(Fr)是一种放射性元素,本书不做讨论。

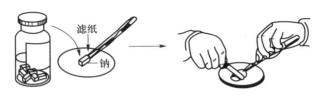

图 3-1 切割钠

根据上述实验和观察,填写表 3-1 中的空白。

表 3-1 钠的物理性质

颜色	状态	密度/(kg·m⁻³)	硬度(大、小)	熔点/℃	沸点/℃
		$0.97×10^3$		97.81	882.9

从实验 3-1 和表 3-1 可知,金属钠很软,可用刀切割;切开的表层可以看到钠呈银白色,有金属光泽。钠的密度小于水的密度($1×10^3 \text{ kg·m}^{-3}$),是一种很轻的金属。钠的熔点较低,不到 100 ℃。此外,钠还具有良好的导电、导热性能。

2. 钠的化学性质

钠原子的最外电子层上只有 1 个电子,在化学反应中很容易失去,因此钠的化学性质非常活泼,能与氧气等许多非金属及水等反应。

（1）钠与氧气的反应

【实验3-2】 观察实验 3-1 中放置于滤纸上的钠表面有何变化。把一小块钠放在石棉网上加热,观察发生的现象(见图 3-2)。

通过实验可以看出,新切开的钠表面光亮,但很快就变暗了。这是由于钠与氧气发生了反应,表面生成了一薄层氧化物所造成的。

$$4Na+O_2 == 2Na_2O$$

钠与氧气在常温下反应可以生成白色的氧化钠。钠在空气中燃烧,生成淡黄色的过氧化钠,并发出黄色火焰。

$$2Na+O_2 \xrightarrow{\text{点燃}} Na_2O_2(过氧化钠)$$

（2）钠与水的反应

【实验3-3】 向一个盛有水的表面皿里滴入几滴酚酞试液,然后把一小块钠(约为黄豆粒大小)投入水中。观察反应的现象和溶液颜色的变化(见图 3-3)。

图 3-2 钠在空气中燃烧

图 3-3 钠与水的反应

根据观察到的实验现象完成表 3-2。

表 3-2 钠与水的反应

现象	结论
①	
②	
③	
④	

钠的密度比水小,钠与水反应放出大量的热和氢气,使钠熔成一个银白色的小球,而且快速在水面上移动,直到反应结束。钠跟水反应时,烧杯里滴有酚酞的水溶液由无色变成红色,这说明反应中有碱性物质生成,这种生成物是氢氧化钠。这个反应的化学方程式为:

$$2Na+2H_2O === 2NaOH+H_2\uparrow$$

钠很容易跟空气中的氧气和水反应,因此需要存放在煤油中或液状石蜡中,使它跟空气、水隔绝。

3. 钠的用途

钠可以用来制取过氧化钠等化合物。钠和钾的合金(钾的质量分数为 50% ~ 80%),在室温下呈液态,是原子反应堆的导热剂。钠是一种很强的还原剂,可以把钛、锆、铌、钽等金属从它们的卤化物中还原出来。钠也可应用在电光源上。钠灯发出的黄光透雾能力强,用作路灯时,照度比高压汞灯高几倍。

4. 钠的过氧化物和常见的盐

(1)过氧化钠

过氧化钠是淡黄色粉末,具有强氧化性,在熔融状态时遇到棉花、炭粉等易燃物质会发生爆炸。因此,存放时应注意安全,不能与易燃物接触。它易吸潮,遇水或稀酸时会发生反应,生成氧气。

$$2Na_2O_2+2H_2O === 4NaOH+O_2\uparrow$$
$$2Na_2O_2+2H_2SO_4(稀) === 2Na_2SO_4+O_2\uparrow+2H_2O$$

它能与 CO_2 作用,放出 O_2。

$$2Na_2O_2+2CO_2 === 2Na_2CO_3+O_2\uparrow$$

根据这种性质,可将它用在呼吸面具上或潜水艇、宇宙飞船里,将人们呼出的 CO_2 转换成 O_2。过氧化钠具有强氧化性,可用于漂白织物、麦秆、羽毛等,也可用于杀菌消毒。

(2)碳酸钠和碳酸氢钠

碳酸钠(Na_2CO_3)俗名纯碱或苏打,是白色粉末,易溶于水,水溶液呈碱性。碳酸钠晶体含结晶水,化学式是 $Na_2CO_3 \cdot 10H_2O$。在空气中碳酸钠晶体很容易风化失去结晶水,逐渐碎成粉末。碳酸钠是化学工业的重要产品之一,有很多用途。它广泛地用于玻璃制造、造纸、纺织等工业中,也可用来制造其他钠的化合物。

　　碳酸氢钠($NaHCO_3$)俗名小苏打,是一种细小的白色晶体,易溶于水,水溶液也呈碱性。碳酸钠比碳酸氢钠容易溶解于水。碳酸氢钠是制作面包、糕点所用的发酵粉的主要成分之一;在医疗上,它是治疗胃酸过多的一种药剂。

　　碳酸钠和碳酸氢钠遇到盐酸都能放出二氧化碳。

　　【实验3-4】　把少量盐酸分别加入盛有碳酸钠和碳酸氢钠的试管中,观察反应发生的现象(见图3-4)。

　　可以看到,反应中两个试管中都产生了气体,但碳酸氢钠与稀盐酸的反应要比碳酸钠与稀盐酸的反应剧烈得多。

$$Na_2CO_3+2HCl =\!=\!= 2NaCl+H_2O+CO_2\uparrow$$
$$NaHCO_3+HCl =\!=\!= NaCl+H_2O+CO_2\uparrow$$

　　【实验3-5】　大试管中装入占试管体积1/6的碳酸钠;小试管中加入澄清石灰水。加热试管,观察澄清的石灰水是否起变化。然后换用碳酸氢钠做同样的试验,如图3-5所示。

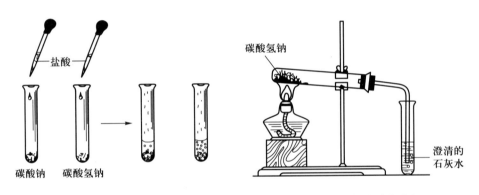

图3-4　碳酸钠、碳酸氢钠与盐酸的反应　　　　图3-5　碳酸氢钠受热分解

　　碳酸钠受热没有变化,碳酸氢钠受热后,放出二氧化碳气体。这个实验说明 Na_2CO_3 很稳定,$NaHCO_3$ 不稳定,受热容易分解。

$$2NaHCO_3 \xrightarrow{\triangle} Na_2CO_3+H_2O+CO_2\uparrow$$

　　可以用这个反应来鉴别碳酸钠和碳酸氢钠。

二、碱金属元素

　　我们已经知道钠是非常活泼的金属,那么钠与锂、钾、铷、铯等其他碱金属又有怎样的内在联系呢? 观察表3-3。

　　1. 碱金属单质的物理性质

　　由表3-3可以看出,碱金属除铯略带金属光泽外,其余都是银白色。碱金属都比较柔软,有展性。碱金属的密度都较小,尤其是锂、钠、钾。碱金属的熔点都较低,如铯在气温稍高时就是液态。

表 3-3　碱金属的结构、物理性质

元素名称	元素符号	核电荷数	电子层数	最外层电子数	原子半径/nm	颜色和状态	密度/$(kg \cdot m^{-3})$	熔点/℃	沸点/℃
锂	Li	3	2	1	0.152	银白色,柔软	0.534×10^3	180.5	1 347
钠	Na	11	3	1	0.186	银白色,柔软	0.97×10^3	97.81	882.9
钾	K	19	4	1	0.227	银白色,柔软	0.86×10^3	63.65	774
铷	Rb	37	5	1	0.248	银白色,柔软	1.532×10^3	38.89	688
铯	Cs	55	6	1	0.265	银白色略带金属光泽,柔软	1.879×10^3	28.40	678.4

由表 3-3 还可以看出碱金属元素原子结构和性质上的规律:它们的最外电子层都是 1 个电子,随核电荷数增加电子层数逐渐增多,原子半径逐渐增大,密度逐渐增大,熔点、沸点逐渐降低。

2. 碱金属单质的化学性质

碱金属元素原子的最外电子层上都只有 1 个电子,在化学反应中很容易失去,因此碱金属单质化学性质都很活泼,能跟大多数的非金属和水起反应。由于碱金属原子核外电子层数不同,所以在化学性质上又表现出一定的差异。

(1) 与氧气反应

碱金属都易与氧气发生反应,在常温下就能与空气中的氧气作用,在加热的条件下则发生燃烧。

锂与氧气反应,生成氧化锂。

$$4Li + O_2 \xrightarrow{\text{点燃}} 2Li_2O$$

钾、铷等与氧气反应,生成比过氧化物更复杂的氧化物。除与氧气反应外,碱金属还能与氯气等大多数非金属反应,可以看出碱金属表现很活泼。

(2) 与水反应

【实验 3-6】　在两个烧杯中各放入一些水,然后各取绿豆粒大小的钠、钾,用滤纸吸干它们表面的煤油,把它们分别投入上述两个烧杯中,观察它们与水反应的现象有什么不同。反应完毕,分别向两个烧杯中滴入几滴酚酞试液,观察溶液颜色的变化。

实验证明,同钠类似,钾也能与水起反应生成氢气和氢氧化钾。钾与水的反应比钠与水的反应更剧烈,反应放出的热可以使生成的氢气燃烧,并发生轻微的爆炸,证明钾比钠更活泼。

$$2K + 2H_2O \Longrightarrow 2KOH + H_2\uparrow$$

如果将铷和铯与水接触,它们的反应比钾跟水的反应还剧烈,可引起爆炸,说明它们的金属性比钾强。

碱金属元素随着原子核电荷数递增,金属性逐渐增强。

3. 焰色反应

我们观察钠受热燃烧时,曾发现燃烧的火焰呈现黄色。人们在炒菜时,如果不慎将食盐或盐水溅在火焰上,也会发现火焰呈现黄色。事实上,很多金属或它们的化合物在灼烧时都会使火焰呈现出特殊的颜色,这在化学上叫作焰色反应。

图 3-6   钠的焰色反应

【**实验 3-7**】 把装在玻璃上的铂丝(也可用光洁无锈的铁丝或镍、铬、钨丝)放在酒精灯火焰(最好用煤气灯,它的火焰颜色较浅)里灼烧,直到与原来的火焰相同为止。用此铂丝蘸碳酸钠溶液,放在火焰上灼烧,观察火焰的颜色(见图 3-6)。

用稀盐酸洗净铂丝,在火焰上灼烧到没有其他颜色时,再分别蘸取碳酸钾溶液、氯化钾溶液等做实验,观察火焰的颜色。钾的火焰颜色要透过蓝色的钴玻璃去观察,这样就可滤去黄色的光,避免杂质钠所造成的干扰。

不仅碱金属和它们的化合物能呈现焰色反应,钙等金属也能呈现焰色反应,如图 3-7 所示。

焰色反应彩图

焰色反应动画

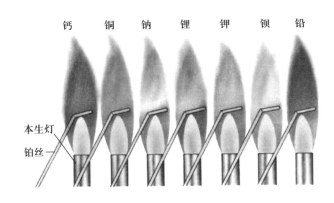

图 3-7   金属的焰色反应

根据焰色反应所呈现的特殊颜色,可以鉴定这些金属或金属离子的存在。实验时也可用洁净的铂丝蘸一些被测物质的粉末进行灼烧。

节日晚上燃放的五彩缤纷的焰火,就是碱金属及锶、钡等金属及其化合物焰色反应所呈现的各种鲜艳色彩(见图 3-8)。

图 3-8   节日焰火

课外阅读

侯氏联合制碱法

在古代,人们已学会了从草木灰提取碳酸钾,从盐碱地及盐湖等获得碳酸钠,但这远远不能满足工业生产的需要。

1791 年和 1862 年,法国医生路布兰和比利时人索尔维先后开创了以食盐为原料制取碳酸钠的"路布兰制碱法"和以食盐、氨气、CO_2 为原料制取碳酸钠的"索尔维法"(又称氨碱法)。"索尔维法"能连续生产,食盐利用率高(70%左右)、产品质量纯净且成本低廉,逐渐取代了"路布兰制碱法"。英、法、德、美等国相继建立了大规模生产纯碱工厂,并发起组织索尔维公会,对会员以外的国家实行技术封锁。

第一次世界大战期间,欧亚交通不便。我国所需纯碱由于均从英国进口,一时间,纯碱非常短缺,一些以纯碱为原料的民族工业难以生存。1917 年,爱国实业家范旭东在天津塘沽创办永利碱业公司,于 1920 年聘请当时正在美国留学的侯德榜出任总工程师。

为了发展我国的民族工业,侯德榜先生于 1921 年毅然回国就任。他全身心地扑在制碱工艺和设备的改进上,最后终于摸索出了索尔维法的各项生产技术。1924 年 8 月,塘沽碱厂正式投产。1926 年,中国生产的红三角牌纯碱在美国费城的万国博览会上获得金质奖章,不但畅销国内,而且远销日本和东南亚。

最难能可贵的是,在范旭东先生赞同下,侯德榜先生毅然将他摸索出的制碱方法写成专著,公之于世。该书 1933 年由美国化学会出版,轰动了科学界,被誉为首创的制碱名著,为祖国争得了荣誉。

为了进一步提高食盐的利用率、改进索尔维制碱法产生大量 $CaCl_2$ 废弃物这一不足,侯德榜先生继续进行工艺探索。1940 年完成了新的工艺路线。不仅提高了食盐的利用率,还将制碱和制氨的生产联合起来,降低了成本,提高了经济效益。1943 年,这种新的制碱法被正式命名为"侯氏联合制碱法"。

选自 http://www.hengqian.com

思考与练习

一、填空题

1. 碱金属包括 _____、_____、_____、_____、_____、_____ 几种元素,其中 _____ 是通常情况下不能稳定存在的放射性元素。

2. 纯净的钠是 _____ 色、质软的金属。钠很容易与空气中的 _____、_____ 等物质反应,通常保存在 _____ 里,以使钠与 _____、_____ 等隔绝。

3. 做实验时,不能用手直接接触金属钠。这是因为钠容易与空气中或手上的 _____ 发生反应,生成具有强腐蚀性的 _____ 而造成烧伤。

4. 钠或 _____ 灼烧时,火焰呈 _____ 色;钾或 _____ 灼烧时火焰呈 _____ 色。观察钾的焰色需透过_____色的钴玻璃。

二、选择题

1. 下列关于钠的叙述,正确的是(   )。

A. 钠在自然界中不存在

B. 钠只能以离子形式存在

C. 在自然界,钠的化合物种类繁多,分布很广

D. 钠通常由更活泼的金属从其化合物中置换出来

2. 下述关于 Na^+ 和 Na 的性质的叙述,正确的是(   )。

A. 电子层数相同　　　　　　B. 最外层电子数相同

C. 原子半径大小相同　　　　D. 灼烧时火焰都呈黄色

3. 下列关于碱金属元素的叙述,正确的是(   )。

A. 锂是碱金属元素中最不活泼的,是唯一可以在自然界以游离态存在的元素

B. 锂原子的半径比其他碱金属原子的半径都大

C. 碱金属只有钠需保存于煤油或石蜡中

D. 碱金属单质都是通过人工方法从其化合物中制取的

4. 金属钠比金属钾(   )。

A. 金属性强　　　　　　　　B. 还原性弱

C. 原子半径大　　　　　　　D. 熔点高

三、分析题

1. 写出钠在空气中氧化,钠在氧气、氯气中燃烧及钠跟水反应的化学方程式。

2. 化学实验中常在玻璃管口点燃某些可燃气体,火焰总是呈黄色,是否就说明这些可燃气体中都含钠(提示:制造玻璃的主要原料之一是纯碱)?

3. 加热 3.24 g Na_2CO_3 和 $NaHCO_3$ 的混合物至质量不再变化,剩余固体的质量为 2.51 g。计算原混合物中 Na_2CO_3 的质量分数。

第二节　卤　　素

人们习惯上将氟(F)、氯(Cl)、溴(Br)、碘(I)、砹(At)①等几种元素称为卤族元素,简称为卤素。卤素在古希腊文中有"生成盐"的意思。人们最熟悉的食盐(NaCl)就是一种卤素和金属生成的盐。本节主要学习氯气的性质和用途,进而比较氟、氯、溴、碘的结构和性质,找出卤素的变化规律。

一、氯气

1. 氯气的物理性质

【实验 3-8】　取一瓶氯气,瓶后衬一张白纸,观察它的颜色、状态。然后将瓶口的玻璃片移开,露出一条小缝,用手轻轻地在瓶口小缝上方扇动,使极少量氯气飘入鼻孔,

———————————

① 砹(At)是一种放射性元素,本书不做讨论。

闻到气味后,仍将瓶口盖好。向瓶中注入 1/3 体积的蒸馏水,盖好瓶口并轻轻振荡,观察瓶中气体颜色的变化。

根据上述实验与观察,填写表 3-4 中的空白。

表 3-4 氯气的物理性质

颜色	状态	气味	密度/(kg·m^{-3})	沸点/℃	水溶性(能、否)
			3.214	-34.6	

在通常状态下,氯气密度比空气大;它易液化,在压强为 101 kPa 时,冷却到 -34.6 ℃ 就会转化为液态,液态氯简称液氯。氯气能溶于水,其水溶液称为氯水。

氯气有毒,有强烈的刺激性。人吸入少量氯气会引起胸部疼痛和咳嗽,大量吸入会导致窒息死亡。在第一次世界大战期间,氯气曾作为臭名昭著的化学战剂使用。

2. 氯气的化学性质

氯原子的最外电子层上有 7 个电子,在化学反应中很容易结合 1 个电子,使最外电子层达到 8 个电子的稳定结构。因此,氯气的化学性质很活泼,它能跟金属、氢气和其他许多非金属直接化合,还能跟水、碱等化合物起反应。通常,氯在自然界以化合态形式存在。

(1)与金属反应

【实验 3-9】 用坩埚钳夹住一束铜丝,灼热后立刻放入充满氯气的集气瓶中(见图 3-9),观察发生的现象。然后把少量的水注入集气瓶中,用玻璃片盖住瓶口,振荡。观察溶液的颜色。

可以看到,红热的铜丝在氯气中剧烈燃烧,使集气瓶中充满棕色的烟,这种烟实际上是氯化铜的微小晶体。这个反应的化学方程式为

图 3-9 铜在氯气中燃烧

$$Cu + Cl_2 \xrightarrow{\triangle} CuCl_2$$

氯化铜溶于水后,溶液呈蓝绿色。大多数金属在点燃或灼热的条件下,都能与氯气发生反应生成氯化物。在通常情况下,干燥的氯气不能与铁反应,因此,可以用钢瓶储运液氯。

(2)与氢气反应

【实验 3-10】 在空气中点燃氢气,然后把导管移入盛有氯气的集气瓶中(见图 3-10),观察 H_2 在 Cl_2 中燃烧的现象。

纯净的 H_2 可以在 Cl_2 中安静地燃烧,发出苍白色的火焰,反应生成的气体是 HCl,HCl 在空气中与水蒸气结合成盐酸小液滴,呈雾状。

$$H_2 + Cl_2 \xrightarrow{点燃} 2HCl$$

在光照下,Cl_2 能和 H_2 迅速化合而发生爆炸,生成 HCl 气体。氯化氢具有刺激性气味,极易溶于水,它的水溶液呈酸性,叫氢氯酸,习惯上又叫盐酸。

（3）与水反应

氯气能溶于水。在常温下，1 体积水约溶解 2 体积的氯气。氯气的水溶液叫作"氯水"。氯水因溶有氯气而呈黄绿色。当光照射氯水时，可以看见有气泡逸出（见图 3-11），这是因为溶解在水中的部分氯气跟水起反应，生成盐酸和次氯酸（$HClO$）。次氯酸不稳定，容易分解放出氧气。当氯水受日光照射时，次氯酸的分解加快，可以明显看到放出的氧气泡。

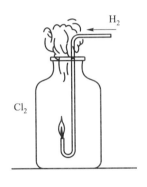

图 3-10　氢气在氯气中燃烧

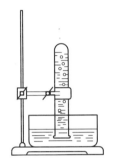

图 3-11　氯气在光照下分解

$$Cl_2 + H_2O \rightleftharpoons HCl + HClO$$

$$2HClO \xrightarrow{\text{光照}} 2HCl + O_2\uparrow$$

次氯酸是一种强氧化剂，能杀死水中的病菌，所以自来水常用氯气（1 L 水中约通入 0.002 g 氯气）杀菌消毒。次氯酸的强氧化性还能使染料和有机色质褪色，所以氯气可用来漂白棉、麻和纸张等。

【实验 3-11】　如图 3-12 所示，将氯气通入分别放有干燥和湿润的有色布条的两个集气瓶，观察发生的现象。

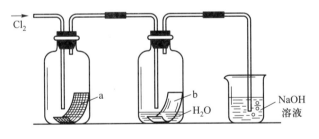

a. 干燥的有色布条；b. 湿润的有色布条。

图 3-12　次氯酸的漂白作用

讨论

为什么氯气不能使干燥的有色布条褪色，而能使湿润的有色布条褪色？

（4）与碱的反应

氯气与碱反应生成次氯酸盐、金属氯化物和水。

$$2Ca(OH)_2+2Cl_2 = Ca(ClO)_2+CaCl_2+2H_2O$$

次氯酸盐比次氯酸稳定，容易储运。市售的漂白精和漂白粉的有效成分就是次氯酸钙。工业上生产漂白粉，是通过氯气和石灰乳作用制成的。

在潮湿的空气中，次氯酸钙与空气中的二氧化碳和水蒸气反应，生成次氯酸。所以漂白精和漂白粉具有漂白、消毒作用。

$$Ca(ClO)_2+CO_2+H_2O = CaCO_3\downarrow +2HClO$$

漂白粉只能用于漂白棉、麻、纸浆等，不能用于漂白丝、毛织物，因为会毁坏丝纤维和毛纤维。漂白粉还可用来杀死微生物，对游泳池、污水坑、厕所等进行消毒灭菌。

3. 氯离子的检验

氯气能与很多金属反应生成盐，其中大多数盐能溶解于水并解离出氯离子。如氯化钠、氯化锌、氯化铁、氯化钾等氯化物的水溶液及盐酸中都存在着能够自由移动的氯离子。怎样用简易的化学方法检验或证明这些可溶性氯化物中氯离子的存在呢？

【实验 3-12】 取 4 支试管，分别注入少量稀盐酸、氯化钠、氯化钡和碳酸钠溶液，各加入几滴 $AgNO_3$ 溶液，观察发生的现象。再滴入几滴稀硝酸，有什么变化？

可以看到，4 支试管中都有白色沉淀生成，前 3 支试管中的白色沉淀不溶于稀硝酸，这是 AgCl 沉淀；第 4 支试管中的沉淀溶于稀硝酸，是 Ag_2CO_3 沉淀。前 3 支试管中发生的离子反应是相同的，可用同一离子反应方程式表示：

$$Cl^-+Ag^+ = AgCl\downarrow$$

第 4 支试管中发生的离子反应方程式是

$$CO_3^{2-}+2Ag^+ = Ag_2CO_3\downarrow$$

Ag_2CO_3 溶于稀硝酸：

$$Ag_2CO_3+2H^+ = 2Ag^++CO_2\uparrow +H_2O$$

二、卤族元素

卤族元素的最外电子层上都是 7 个电子，从氟到碘，随着核电荷数逐渐增大，原子核外电子层数依次增多，原子半径依次增大。前边已了解了氯气的性质，那么氯与氟、溴、碘等其他卤素又有怎样的内在联系呢？观察表 3-5。

1. 卤素单质的物理性质

卤素在自然界中都以化合态形式存在，它们的单质可由人工制得。从表 3-5 中可以看出，卤素单质的物理性质有较大差别。在常温下，氟、氯是气体，溴是液体，碘是固体。它们的颜色由浅黄绿色到紫黑色，逐渐变深。从氟到碘，常压下熔点和沸点依次逐渐升高。

表 3-5　卤素单质的物理性质

元素名称	元素符号	核电荷数	电子层数	最外层电子数	原子半径/nm	单质分子式	颜色和状态（常态）	密度/$(kg \cdot m^{-3})$	熔点/℃	沸点/℃	溶解度（100 g 水中）
氟	F	9	2	7	0.071	F_2	浅黄绿色气体	1.69	−219.6	−188.1	与水反应
氯	Cl	17	3	7	0.099	Cl_2	黄绿色气体	3.214	−101	−34.6	226 cm^3
溴	Br	35	4	7	0.114	Br_2	深红棕色液体	$3.119×10^3$	−7.2	58.78	4.16 g
碘	I	53	5	7	0.133	I_2	紫黑色固体	$4.93×10^3$	113.5	184.4	0.029 g

【实验 3-13】　观察溴的颜色和状态。

溴是深红棕色的液体,很容易挥发,应密闭保存。如果把溴存放在试剂瓶里,需要在瓶中加一些水,以减少挥发。

【实验 3-14】　观察碘的颜色、状态和光泽。取一支内装碘晶体且预先密闭好的试管,用酒精灯微热玻璃管盛碘的一端,观察管内发生的现象(见图 3-13)。

图 3-13　碘的升华实验

可以观察到,碘在常压下加热,不经过熔化就直接变成紫色蒸气,蒸气遇冷,重新凝结成固体。这种固态物质不经过转变成液态而直接变成气态的现象叫作升华。

碘的升华动画

溴和碘在水中的溶解度较小,易溶于苯、汽油、四氯化碳、酒精等有机溶剂。医疗上用的碘酒,就是溶有碘的酒精溶液。

2. 卤素单质的化学性质

氟、溴、碘都能像氯一样与许多金属起反应,也能与氢气、水等起反应。

(1) 卤素与氢气反应

氟与氢气的反应比氯与氢气的反应剧烈,不需要光照,在暗处就能剧烈化合而发生爆炸。生成的氟化氢很稳定。

$$H_2+F_2 \xrightarrow{\quad\quad} 2HF$$

溴与氢气的反应不如氯与氢气的反应剧烈,在加热至 500 ℃时方能较缓慢地发生反应,生成的溴化氢也不如氯化氢稳定。

碘与氢气的反应更不容易发生,要在不断加热的条件下才能缓慢进行,而且生成的碘化氢很不稳定,在生成的同时又会发生分解。

可见,随着核电荷数的增多,氟、氯、溴、碘与氢气反应的剧烈程度逐渐减弱,所生成的氢化物的稳定性也逐渐降低。

（2）卤素与水反应

氯气与水的反应在常温下就能进行。氟遇水则发生剧烈反应,生成氟化氢和氧气。溴与水的反应比氯气与水的反应弱一些;碘与水只能是微弱地进行反应。

氟、氯、溴、碘与水反应的剧烈程度随着它们原子核电荷数的增多而减弱。

（3）卤素间的置换反应

在卤素与氢气、水的反应中,已经表现出氟、氯、溴、碘在化学活动性上的一些差异,通过卤素单质间的置换反应能更直接地比较它们的活动性大小。

【实验 3-15】　向盛有无色溴化钠和碘化钾溶液的 2 支试管中分别注入少量新制的饱和氯水,用力振荡后再各注入少量四氯化碳,振荡并静置片刻。待液体分为两层后,观察四氯化碳层和水层颜色的变化,记录并分析所观察到的现象。然后分别以溴水和碘水代替氯水做上述实验。

四氯化碳层和水层颜色的变化,说明氯可以把溴和碘分别从溴化物和碘化物中置换出来;溴可以把碘从碘化物中置换出来;碘则不能置换其他卤化物中的卤素。

上述各反应的化学方程式分别表示如下:

$$2NaBr+Cl_2 = 2NaCl+Br_2$$

$$2KI+Cl_2 = 2KCl+I_2$$

$$2KI+Br_2 = 2KBr+I_2$$

这就是说,在氯、溴、碘三种元素中,氯的化学活动性强于溴,溴的化学活动性又强于碘。实验证明,氟的化学活动性比氯、溴、碘都强,能把它们从相应的卤化物中置换出来。即氟、氯、溴、碘的化学活动性随核电荷数的增加、原子半径的增大而减弱（见图 3-14）。

$$F_2 \quad Cl_2 \quad Br_2 \quad I_2$$

化学活动性逐渐减弱

图 3-14　卤素单质的化学活动性顺序

碘除了具有卤素的一般性质外,还有一种化学特性,即与淀粉反应。

【实验 3-16】　在试管中注入少量淀粉溶液,再滴入几滴碘水,观察溶液的变化。

单质碘能使淀粉呈现出特殊的蓝色。碘的这一特性可以用来鉴定碘的存在。

课外阅读

氯气的发现

氯气的发现应归功于瑞典化学家舍勒。舍勒是 18 世纪中后期欧洲非常著名的科学家。他迷恋实验室工作,在仪器、设备简陋的实验室里做了大量的化学实验,所涉及内容非常广泛,发明也非常多。他以短暂而勤奋的一生,对化学做出了突出的贡献,赢得了人们的尊敬。

舍勒发现氯气是在 1774 年,当时他正在研究软锰矿（二氧化锰）。他将软锰矿与浓盐酸混合并加热时,产生了一种黄绿色的气体。这种气体强烈的刺激性气味使舍勒感到极为难受。当他确信自己制得了一种新气体后,又感到由衷的快乐。

舍勒把氯气溶解在水中,发现这种水溶液对纸张、蔬菜和花朵具有永久性的漂白作用,他还发现氯气能与金属或金属氧化物发生化学反应。舍勒发现氯气以后,许多科学家先后对这种气体的性质进行了研究,在这期间,氯气一直被当作一种化合物。直到1810年,戴维经过大量实验研究,才确认这种气体由一种化学元素组成。他将这种元素命名为"chlorine",这个名称来自希腊文,有"绿色""绿色的""绿黄色""黄绿色"等意思。我国早年将其译作"绿气",后改为氯气。

选自高考网

卤化银的用途

卤化银有感光性,在光的照射下会发生分解反应。可利用其性质制作感光材料,如照相用的感光片、变色玻璃。

照相用的胶卷和相纸上都有一层感光物质,主要成分是溴化银。在拍照时,溴化银遇光发生分解反应,生成的银就留在胶片上,形成潜在的黑白影像,经过显影、定影处理,就可显现稳定的影像。

溴化银(或氯化银)与微量的氧化铜混合密封在玻璃体内,可以制成变色玻璃。当受到太阳光或紫外线照射时,玻璃体内的溴化银就会分解,产生银原子。银原子能吸收可见光区内的光线,当银原子聚集到一定数量时,吸收就变得十分明显,于是无色透明的玻璃就变成灰黑色。此时如果把玻璃放回暗处,在氧化铜的催化作用下,银原子又会与溴原子结合成溴化银,溴化银中的银离子不吸收光线,因此玻璃又会变成无色透明。

在人工降雨方面,碘化银有着重要的作用。用飞机向空中播撒碘化银微粒,或者向空中发射碘化银炮弹,可促使水汽凝结,达到人工降雨的目的。

思考与练习

一、填空题

1. 通常情况下,氯气是_____色、_____味的气体。氯气有毒,密度比空气_____,制取氯气时常用_____法收集,多余的氯气用_____吸收。

2. 卤素包括_____、_____、_____、_____等几种元素。通常状况下,卤素单质中的_____和_____是气体,_____是液体,_____是固体。_____受热后固体直接变成蒸气,这种现象叫作_____。

3. 在化学反应中氯原子易_____电子,形成最外层_____个电子的稳定结构。氯气在反应中通常作_____剂。卤族元素中原子半径最大的是_____,非金属性最强的是_____。

4. 氟、氯、溴、碘的单质中,与水剧烈反应放出氧气的是_____;不能将其他卤化物中的卤素置换出来的是_____。

二、选择题

1. 下列关于氯气的描述中,正确的是(　　)。

A. Cl_2 以液态形式存在时可称为氯水

B. 红热的铜丝在氯气中燃烧后生成蓝色的 $CuCl_2$

C. 有氯气参加的反应都必须在溶液中进行

D. 氯气有毒

2. 下列物质中属于纯净物的是(　　)。

A. 盐酸　　　　　　　　　　B. 氯水

C. 液氯　　　　　　　　　　D. 漂白粉

3. 下述说法不正确的是(　　)。

A. 与硝酸银溶液反应有白色沉淀生成的物质中必定含有氯离子

B. 含有氯离子的溶液遇硝酸银溶液必定有白色沉淀生成

C. 氯离子与银离子很难共存于同一溶液中

D. 可用硝酸银溶液和稀硝酸来检验溶液中是否含有氯离子

4. 在下列各用途中,利用了物质的氧化性的是(　　)。

A. 用食盐腌渍食物

B. 用盐酸除去铁钉表面的铁锈

C. 用汽油擦洗衣物上的油污

D. 用漂白粉消毒游泳池中的水

三、分析题

1. 分别写出氯气跟钠、氢气、水、氢氧化钙反应的化学方程式。

2. 现有 3 瓶无色液体,分别是氯化钠、溴化钠和碘化钾溶液。试用 1~2 种化学方法鉴别它们,并写出有关反应的化学方程式。

3. 某硝酸银溶液 4 g,与足量的氯化钠溶液起反应,生成 0.5 g 氯化银沉淀。试计算该硝酸银溶液中硝酸银的质量分数。

本章小结

一、碱金属

碱金属是非常活泼的金属,它们在物理性质、化学性质上有相似性和递变性。

1. 碱金属的化学性质

(1) 都能与氧气反应生成氧化物、过氧化物等化合物。

(2) 都能与卤素反应生成卤化物。

(3) 都能与水反应生成氢氧化物并放出氢气。

2. 碱金属元素性质比较(见表 3-6)

表 3-6 碱金属元素性质上的相似性和递变性

元素名称	元素符号	相似性		递变性		
		颜色状态	化学性质	熔点	沸点	化学性质
锂	Li	柔软的银白色金属	都能与氧气、卤素、水反应,生成相应的氧化物(或过氧化物)、卤化物、氢氧化物	依次降低	依次降低	金属性逐渐增强
钠	Na	柔软的银白色金属				
钾	K	柔软的银白色金属				
铷	Rb	柔软的银白色金属				
铯	Cs	柔软的银白色金属,略带金属光泽				

二、卤素

卤素单质是非常活泼的非金属,它们在物理性质、化学性质上有相似性和递变性。

1. 卤素单质的物理性质及递变规律(见表 3-7)

表 3-7 卤素单质的物理性质比较

元素名称	氟	氯	溴	碘
元素符号	F	Cl	Br	I
原子半径的递变规律	逐渐增大————————→			
化学式	F_2	Cl_2	Br_2	I_2
颜色及其递变规律	淡黄绿色	黄绿色	深红棕色	紫黑色
	逐渐加深————————→			
状态及其递变规律	气体	气体	液体	固体
	由气体逐渐过渡为固体————————→			
密度/$(kg \cdot m^{-3})$	1.69	3.214	3.119×10^3	4.93×10^3
熔点的递变规律	逐渐升高————————→			
沸点的递变规律	逐渐升高————————→			

2. 卤素单质的化学性质及其递变规律(见表 3-8)

表 3-8 卤素单质的化学性质比较

卤素	与 H_2 的反应 $X_2+H_2 =\!=\!= 2HX$ (X:F、Cl、Br、I)	与水的反应 $X_2+H_2O =\!=\!= HX+HXO$ (X:Cl、Br、I)	置换反应 $X_2+2X'^- =\!=\!= X_2'+2X^-$ (X、X':卤素,X 原子的核电荷数小于 X'的核电荷数)	非金属性比较

续表

F_2	在冷暗处就能剧烈化合而爆炸,HF 很稳定	迅速反应,放出氧气:$2F_2+2H_2O$ ==== $4HF+O_2$	氟能把氯、溴、碘从它们的卤化物中置换出来	
Cl_2	在强光照射下,剧烈化合而爆炸,HCl 较稳定	在日光照射下,缓慢放出氧气:Cl_2+H_2O ==== $HCl+HClO$ $2HClO$ ==== $2HCl+O_2\uparrow$	氯能把溴、碘从它们的卤化物中置换出来	由上至下非金属性减弱
Br_2	在高温条件下,较慢地化合,HBr 较不稳定	反应较氯弱	溴能把碘从碘化物中置换出来	
I_2	持续加热慢慢地化合,产生的 HI 很不稳定,同时发生分解	只起很微弱的反应	碘不能置换出其他卤化物中的卤素	

复习题

一、填空题

1. 将一小块金属钾放入水中,发生剧烈的化学反应,反应的化学方程式是＿＿＿＿＿＿＿＿＿＿＿＿＿＿＿＿＿＿。其中,氧化剂是＿＿＿＿＿＿,还原剂是＿＿＿＿＿＿。

2. 锂、钠、钾各 1 g,分别与足量的水反应。其中,反应最剧烈的是＿＿＿＿＿＿,相同条件下,生成氢气的质量最大的是＿＿＿＿＿＿。

3. 氟、氯、溴、碘的单质中,与氢气混合后不见光就反应的是＿＿＿＿＿＿,不与其他氢卤酸盐溶液发生置换反应的是＿＿＿＿＿＿。

4. 在硬质玻璃管中,从左向右依次放置三个湿石棉球(不怕受热)A、B、C,它们分别浸有溴化钾溶液、碘化钾溶液、淀粉溶液。若由硬质玻璃管左端导入氯气,在中间 B 处加微热,则可观察到 A 处呈＿＿＿＿＿＿色,B 处有＿＿＿＿＿＿色的＿＿＿＿＿＿产生,C 处呈＿＿＿＿＿＿色。若从硬质玻璃管右端导入少量氯气,则＿＿＿＿＿＿处最先变色,＿＿＿＿＿＿处不变色。

二、选择题

1. 在空气中长时间放置少量金属钠,最终的产物是(　　　　)。

A. Na_2CO_3　　　　B. $NaOH$　　　　C. Na_2O　　　　D. Na_2O_2

2. 下列有关 Na_2CO_3 和 $NaHCO_3$ 性质的比较中,正确的是(　　　　)。

A. 对热稳定性:$Na_2CO_3<NaHCO_3$

B. 常温时水溶性:$Na_2CO_3>NaHCO_3$

C. 与稀盐酸反应的快慢:$Na_2CO_3<NaHCO_3$

D. 相对分子质量:$Na_2CO_3<NaHCO_3$

3. 下列物质中,同时含有氯分子、氯离子和氯的含氧化合物的是(　　　　)。

A. 氯水　　　　　B. 液氯　　　　C. 氯酸钾　　　　D. 次氯酸钙

4. 下列关于 Cl^- 的叙述正确的是（　　　）。

A. 有毒　　　　　　　　　　　B. 与氯原子同属一种元素

C. 易与钠离子发生反应　　　　D. 溶于水后形成的溶液具有漂白性

三、判断题

X、Y、Z 三种元素，它们具有下述性质：

（1）X、Y、Z 的单质在常温下均为气体；

（2）X 的单质可以在 Z 的单质中燃烧，燃烧时火焰为苍白色；

（3）化合物 XZ 极易溶于水，并电离出 X^+ 和 Z^-，其水溶液可使蓝色石蕊试纸变红；

（4）2 分子 X 的单质可与 1 分子 Y 的单质化合，生成 2 分子 X_2Y，X_2Y 在常温下为液体；

（5）Z 的单质溶于 X_2Y 中，所得溶液具有漂白作用。

根据上述事实，试推断 X、Y、Z 各是什么元素，XZ 和 X_2Y 各是什么物质。

四、试完成下列反应的化学方程式

1. 钠在空气中的燃烧反应

2. 钠与水的反应

3. 碳酸氢钠在受热时发生的分解反应

4. 氯气和石灰乳发生的反应

5. 实验室中制取氯气的反应

6. 碘化钾溶液中加入氯水后发生的反应

五、计算题

20 g 碘化钠和氯化钠的混合物溶于水，与足量的氯气反应后，经加热，烘干得 11.95 g 固体，试计算混合物中氯化钠的质量分数。

学生实验

碱金属及其化合物的性质

实验目的

1. 通过钠及其化合物性质的实验，巩固对金属及其化合物性质的认识。

2. 做焰色反应检验 Na^+、K^+ 的存在。

实验用品

仪器：玻璃片、镊子、小刀、烧杯、漏斗、试管、铝箔、酒精灯、蓝色钴玻璃片、铂丝、药匙、导管、橡皮塞、铁架台（带铁夹）

药品：Na、Na_2CO_3、$NaHCO_3$、K_2CO_3、酚酞试液、35% 的盐酸

实验步骤

一、金属钠的性质

1. 用镊子取出一小块金属钠，用滤纸把煤油擦干。把钠放在玻璃片上，用小刀切下绿豆大小的一块。观察钠的硬度和新切开的表面光泽情况。

2. 在小烧杯中预先倒入一些水,然后用镊子把切下的钠放入烧杯中,并迅速用玻璃片将烧杯盖好。观察发生的现象。向烧杯中滴几滴酚酞试液,观察溶液颜色的变化。

3. 切一小块绿豆大小的钠,用事先用针刺了一些小孔的铝箔包好,再用镊子夹住,放在倒置于液面下的试管口下方。等试管中气体收集满时,把试管倒着移近酒精灯点燃,有什么现象发生? 试说明反应中生成了什么气体?

记录实验中所观察到的现象,并对这些现象给出合理的解释,写出有关反应的化学方程式。

二、焰色反应

1. 把铂丝洗干净,反复灼烧,然后用铂丝蘸一些 K_2CO_3 溶液(或粉末),再放到酒精灯火焰上灼烧,隔着蓝色钴玻璃观察火焰的颜色。

2. 把洁净铂丝先后分别蘸 Na_2CO_3 溶液(或粉末),以及 K_2CO_3、Na_2CO_3 混合溶液(或混合粉末),放到酒精灯上灼烧,观察火焰的颜色。在后一个实验里,先直接观察颜色,再隔着蓝色钴玻璃观察,火焰各呈什么颜色? 说明原因。

三、碳酸氢钠的性质

在一支干燥的试管里放入 $NaHCO_3$ 粉末,约占试管体积的 1/6。试管口用带有导管的塞子塞紧,并把试管用夹子固定在铁架台上,使管口略向下倾。导管的另一端浸在澄清的石灰水中。

加热 $NaHCO_3$,观察发生的现象。当气泡已经很少时先把试管抬高,使导管口露出石灰水面,移去装有石灰水的烧杯,再熄灭酒精灯。写出反应的化学方程式。

问题与讨论

1. 做钠与水反应的实验时,为什么一定要注意钠不能切取大了?

2. 加热碳酸氢钠实验完成后,为什么要先移去装有石灰水的烧杯,再熄灭酒精灯?

第四章　原子结构　元素周期律

学习提示

世界是由物质构成的,各种物质的性质有很大的差别,相互之间的作用更是千变万化。这些性质和变化都与物质内部的微观结构有着直接的关系。本章通过学习原子结构和元素周期律,来认识物质的性质及其变化规律。

学习目标

通过本章的学习,将实现以下目标:
★ 了解原子的结构,明确核素、同位素的概念。
★ 认识元素周期律、元素周期表。

在第三章中,我们已学习了碱金属、卤素的知识,认识到元素的性质与它们的内部结构有着密切关系。本章我们将进一步学习有关原子结构和反映元素性质间内在联系的元素周期律知识。

第一节　原子结构

我们已经知道,物质是由分子、原子、离子等微粒组成的,原子是由居于原子中心的原子核和核外电子构成的。

一、原子核、核素

原子是很小的微粒,而原子核更小。原子核的半径约为原子半径的十万分之一,它的体积只占原子体积的几千亿分之一。若把原子看成是直径为 10 m 的球体,则原子核就只有大头针尖那样大。

原子核虽小,但仍由更小的微粒质子和中子构成。质子和中子的性质如表 4-1 所示。

表 4-1 构成原子的粒子及其性质

粒子性质	原子核		电子
	质子	中子	
电性和电荷量	1 个质子带 1 个单位正电荷	不显电性	1 个电子带 1 个单位负电荷
质量/kg	1.673×10^{-27}	1.675×10^{-27}	9.04×10^{-31}
相对质量①	1.007	1.008	1/1 836

从表 4-1 中可知,每个质子带 1 个单位正电荷,中子呈电中性,所以原子核所带的正电荷数即核电荷数就等于核内质子数。由于每个电子带 1 个单位负电荷,所以原子核所带的正电荷数与核外电子所带的负电荷数相等,有

$$核电荷数(Z)=核内质子数=核外电子数$$

由于电子的质量很小,所以原子的质量主要集中在原子核上。质子和中子的相对质量都近似为 1,如果忽略电子的质量,将核内所有的质子和中子的相对质量相加,所得的数值叫作质量数,有

$$质量数(A)=质子数(Z)+中子数(N)$$

因此,只要知道上述三个数值中的任意两个,就可以推算出另一个数值来。例如,知道钠原子的核电荷数为 11,质量数为 23,则其中子数 N 为

$$N=A-Z=23-11=12$$

归纳起来,如一个质量数为 A、质子数为 Z 的原子,那么,原子组成可以表示为

$$原子(_{Z}^{A}X)\begin{cases}原子核\begin{cases}质子 & Z 个 \\ 中子 & (A-Z) 个\end{cases} \\ 核外电子 & Z 个\end{cases}$$

同种元素的原子核中的质子数是相同的,它们的中子数是否相同呢? 科学研究表明,中子数不一定相同。例如,氢元素有几种原子,它们都含有 1 个质子,但所含中子数不同,情况如表4-2所示。

表 4-2 氢元素 3 种原子的构成

符号	名称	俗称	质子数	中子数	核电荷数	质量数
$_{1}^{1}$H 或 H	氕	氢	1	0	1	1
$_{1}^{2}$H 或 D	氘	重氢	1	1	1	2
$_{1}^{3}$H 或 T	氚	超重氢	1	2	1	3

我们把具有一定数目的质子和一定数目的中子的一种原子叫作核素,如$_{1}^{1}$H、$_{1}^{2}$H 和 $_{1}^{3}$H都是氢元素的一种核素。质子数相同而中子数不同的同种元素的不同核素互称为

① 相对质量是指对^{12}C 原子(原子核内有 6 个质子和 6 个中子的碳原子)质量的 1/12 相比较而得到的数值。

同位素，$_1^1H$、$_1^2H$ 和 $_1^3H$ 就是氢元素的 3 种同位素。

大多数元素都有同位素。例如：

碳元素有 3 种同位素　$_6^{12}C$、$_6^{13}C$、$_6^{14}C$。

铀元素有 3 种同位素　$_{92}^{234}U$、$_{92}^{235}U$、$_{92}^{236}U$。

钴元素有 2 种同位素　$_{27}^{59}Co$、$_{27}^{60}Co$。

在自然界的各种矿物质资源和化合物中，同一元素的各种同位素是按一定比例混合在一起的，因此计算元素的相对原子质量时，应按照该元素的各种同位素原子所占的百分比计算其平均值。例如，天然存在的氯元素是两种同位素的混合物，从表 4-3 中的数据即可计算出氯元素的相对原子质量。

表 4-3　氯元素的同位素的相对原子质量及在自然界中的含量

符号	同位素的相对原子质量	在自然界中各同位素原子的含量
$_{17}^{35}Cl$	34.969	75.77%
$_{17}^{37}Cl$	36.966	24.23%

$$A_r(Cl) = 34.969 \times 75.77\% + 36.966 \times 24.23\% = 35.453$$

所以氯元素的相对原子质量为 35.453。

同位素中不同原子的质量虽然不同，但它们的化学性质几乎相同。

同位素中有的是稳定的，称为稳定同位素；有的具有放射性，称为放射性同位素。后者能自发地不断发出射线，很容易被仪器测定，因此它在各方面用途广泛。例如，可通过测定 $_6^{14}C$ 的含量来推算文物或化石的年龄；用 $_{92}^{235}U$ 作核反应堆的燃料；用 $_1^2H$ 和 $_1^3H$ 制造氢弹等。

二、原子核外电子排布

科学实验证明，电子以接近光速在原子核外空间里高速运动。在含有多个电子的原子里，各个电子的能量并不相同。能量低的电子在离核近的区域运动，能量高的则在离核远的区域运动。电子的运动规律与普通物体不同，它没有确定的轨道，不可能准确地测定出其在某一时刻所处的位置和运动的速度；在描述核外电子运动时只能指出电子在核外空间某处出现机会的多少。

以氢原子核外的电子为例。氢原子只有一个电子，假设分别在不同时刻给某个氢原子拍照，得到的每一张照片便记录了该时刻电子在原子内出现的位置，如图 4-1 所示。

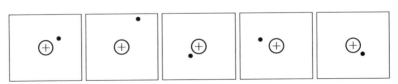

图 4-1　氢原子的瞬间照片

每张照片中电子相对原子核的位置不同,似乎在核外做毫无规律的运动。如果对此原子拍上很多张照片并将这些照片叠加起来就会出现一幅图像,如图4-2所示。这幅图像好像在原子核外笼罩着一团电子形成的云雾,称为电子云。图中黑点较密的地方,说明电子出现的次数较多,即电子在该区域出现的概率较大;黑点较稀疏的地方,说明电子出现的概率较小。因此,电子云表示了电子在核外空间各区域出现的概率大小,是电子在核外空间分布的具体图像。

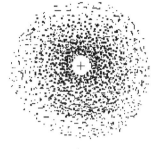

图 4-2 氢原子的电子云

必须注意的是,电子云图中的小黑点不表示电子本身而是表示电子可能出现的瞬间位置。除氢原子外,其他元素的原子中含有多个电子,这些原子的电子云形状比较复杂,不仅有球形的,还有其他形状的。

在含有多个电子的原子里,电子的能量不相同,它们运动的区域也不相同。通常能量低的电子会在离核较近的区域运动,而能量高的电子就在离核较远的区域运动。根据这种差别,可以把核外电子运动的不同区域看成不同的电子层,并用 $n=1$、2、3、4、5、6、7 表示从内到外的电子层,这七个电子层又分别称为 K、L、M、N、O、P、Q 层。n 值越大,说明电子离核越远,能量也就越高。

核外电子的分层运动,也叫作核外电子的分层排布。排布规律可由表4-4、表4-5总结得出。

表 4-4 稀有气体元素原子核外电子的排布

核电荷数	元素名称	元素符号	各电子层的电子数					
			K	L	M	N	O	P
2	氦	He	2					
10	氖	Ne	2	8				
18	氩	Ar	2	8	8			
36	氪	Kr	2	8	18	8		
54	氙	Xe	2	8	18	18	8	
86	氡	Rn	2	8	18	32	18	8

表 4-5 核电荷数 1—18 的元素原子核外电子的排布

核电荷数	元素名称	元素符号	各电子层的电子数		
			K	L	M
1	氢	H	1		
2	氦	He	2		
3	锂	Li	2	1	
4	铍	Be	2	2	
5	硼	B	2	3	
6	碳	C	2	4	
7	氮	N	2	5	
8	氧	O	2	6	
9	氟	F	2	7	
10	氖	Ne	2	8	
11	钠	Na	2	8	1
12	镁	Mg	2	8	2
13	铝	Al	2	8	3
14	硅	Si	2	8	4
15	磷	P	2	8	5
16	硫	S	2	8	6
17	氯	Cl	2	8	7
18	氩	Ar	2	8	8

讨 论

表 4-4、表 4-5 列出了稀有气体元素和核电荷数 1—18 的元素原子核外电子的排布情况,据此你能总结出哪些核外电子排布的规律?

从以上两表中可归纳出核外电子排布的一般规律。

1. 正常状态下,原子核外电子总是尽可能地先从内层(能量最低的第 1 电子层)排起,当第 1 层排满后再排第 2 层,即按由内到外的顺序依次排列。

2. 各电子层最多容纳的电子数为 $2n^2$ 个(n 为电子层数)。即 K 层最多容纳的电子数为 $2×1^2=2$ 个;L 层最多容纳的电子数为 $2×2^2=8$ 个;M 层最多容纳的电子数为 $2×3^2=18$ 个;以此类推。

3. 最外层电子数不超过 8 个(K 层为最外层时不超过 2 个)。次外层电子数不超过 18 个,倒数第三层的电子数不超过 32 个。

一般地,最外层有 8 个电子的结构是相对稳定的结构。

在初中化学中,我们已经学过核电荷数 1—18 的原子结构示意图(见图 4-3)。

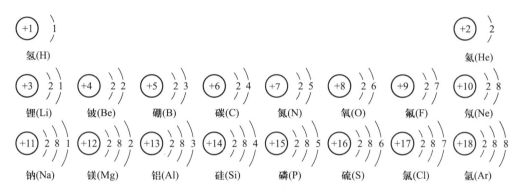

图 4-3 核电荷数为 1—18 的元素原子结构示意图

课外阅读

道尔顿及原子学说

约翰·道尔顿(J. Dalton,1766—1844)为英国化学家和物理学家。1766 年 9 月 6 日出生于英国坎伯兰的伊格尔斯菲尔德村,1844 年 7 月卒于曼彻斯特。道尔顿幼年家贫,没有正式上过学。1776 年曾接受数学启蒙。1781 年在肯德尔一所学校中任教时,结识了盲人哲学家 J.高夫,并在他的帮助下自学了拉丁文、希腊文、法文、数学和自然哲学。1793—1799 年在曼彻斯特新学院任数学和自然哲学教授。1816 年当选为法国科学院通讯院士。1822 年当选为英国皇家学会会员。

道尔顿最初研究气象学,自 1787 年起,连续 57 年作气象观测日记。1801 年在研究气象学的过程中提出了"气体分压定律",即"道尔顿定律"。他的主要研究工作是在化学方面。他曾测定出水的密度随温度而变,在 6.1 ℃(现代测定为 4 ℃)时达到最大值。他还研究过气体体积随温度的变化,并独立于盖·吕萨克,得出所有气体的热膨胀系数相等的结论。1803 年提出最早的原子量表;还提出了倍比定律等。

道尔顿最大的贡献是在原子理论方面。古希腊的自然哲学,包括元素和原子的种种学说,对他的启发很大。他后来又受到牛顿的影响。1803 年提出原子学说,后被称为道尔顿原子学说。其要点为:

（1）化学元素均由不可再分的微粒组成。这种微粒称为原子。原子在一切化学变化中均保持其不可再分性。

（2）同一元素的所有原子,在质量和性质上都相同;不同元素的原子,在质量和性质上都不相同。

（3）不同的元素化合时,这些元素的原子按简单整数比结合成化合物。

道尔顿原子学说为近代化学和原子物理学奠定了基础,是科学史上一项划时代的成就。道尔顿由于创立原子论及在生物学方面的卓越成就,于 1826 年获得英国皇家学会的第一枚金质奖章。道尔顿的主要著作为《化学哲学的新体系》。

选自 http://www.szsyzx.net

思考与练习

一、填空题

1. 在 $_{53}^{127}I$、$_{6}^{14}C$、$_{12}^{24}Mg$、$_{7}^{14}N$、$_{53}^{131}I$、$_{11}^{23}Na$ 六种原子中:

（1）＿＿＿＿和＿＿＿＿互为同位素;

（2）＿＿＿＿和＿＿＿＿的质量数相等,但不能互称为同位素;

（3）＿＿＿＿和＿＿＿＿的中子数相等,但质子数不同,所以不是同种元素。

2. 在含有多个电子的原子里,电子在核外是＿＿＿＿排布的且总是尽先排布在能量＿＿＿＿的电子层里;最外层电子数目不超过＿＿＿＿个,当原子只有 1 个电子层时则不超过＿＿＿＿个。

3. 某元素的原子有 3 个电子层,最外电子层有 1 个电子,其单质在灼烧时火焰呈黄色,能与水剧烈反应生成氢气和碱,该元素的符号为＿＿＿＿＿,原子核外各层的电子数分别为＿＿＿＿＿。

二、选择题

1. 下列关于 $_{53}^{129}I$ 的叙述中,错误的是(　　　)。

A. 质子数为 53   B. 中子数为 53

C. 电子数为 53   D. 质量数为 129

2. 某阴离子带 1 个单位负电荷,核外有 18 个电子,核内中子数为 18,则该阴离子的质量数为(　　　)。

A. 18   B. 35

C. 36   D. 17

3. 某元素的原子,核外有 3 个电子层,最外层有 6 个电子,则其原子核内的质子数为(　　　)。

A. 14   B. 15

C. 16   D. 17

三、判断题

1. 人们发现了 n 种元素,也就是发现了 n 种原子。(　　　)

2. 凡核外电子数相同的粒子,都是同一种元素的原子。(　　　)

3. 任何元素的原子都是由质子、中子和核外电子组成的。（　　）

4. 1992 年我国新发现了一种原子 $^{208}_{80}\text{Hg}$，即我国又发现了一种新的元素。（　　）

四、计算题

镁有三种天然同位素，$^{24}_{12}\text{Mg}$（78.70%）、$^{25}_{12}\text{Mg}$（10.13%）、$^{26}_{12}\text{Mg}$（11.17%），试计算镁的相对原子质量。

第二节　元素周期律

随着科技的进步,人们发现的元素种类不断增加,对元素的性质和原子结构的认识也在逐步深入。元素的种类繁多,有些元素的性质相似,有些有很大差别。历史上很多化学家致力于研究各种元素之间的内在联系,其中俄国化学家门捷列夫(1834—1907)的工作成效最为显著。

为了方便认识元素间的内在联系,按核电荷数由小到大的顺序给元素编号,得到的序号叫作原子序数。有

原子序数 = 核电荷数 = 质子数

表 4-6 列出了原子序数为 1—18 的 18 种元素的核外电子排布及它们的原子半径、主要化合价、元素性质。

讨 论

观察表 4-6,你发现随着原子序数的递增,元素各方面的性质有什么样的变化?

一、核外电子排布的周期性变化

由表 4-6 可以看出:

原子序数为 1—2 的元素,即从氢到氦,有 1 个电子层,核外电子数由 1 增加到 2,K 层电子数为 2 时是稳定结构。

3—10 号元素,即从锂到氖,有 2 个电子层,最外层电子由 1 个递增到 8 个,达到稳定结构。

11—18 号元素,即从钠到氩,都有 3 个电子层,最外层的电子数也是由 1 个递增到 8 个,达到稳定结构。

如果继续对 18 号以后的元素进行研究,尽管情况会复杂一些,同样会有这样的情形:每隔一定数目的元素,具有相同电子层数的原子最外层电子数总是由 1 个递增到 8 个。也就是说,随着原子序数的递增,元素原子最外层电子的排布呈周期性的变化。

表 4-6 1—18号元素的核外电子排布、原子半径、主要化合价及性质

原子序数	1							2
元素名称	氢							氦
元素符号	H							He
核外电子排布	1							2
原子半径/nm	0.037							—
主要化合价	+1							0
金属性与非金属性	—							—
原子序数	3	4	5	6	7	8	9	10
元素名称	锂	铍	硼	碳	氮	氧	氟	氖
元素符号	Li	Be	B	C	N	O	F	Ne
核外电子排布	2 1	2 2	2 3	2 4	2 5	2 6	2 7	2 8
原子半径/nm	0.152	0.089	0.082	0.077	0.075	0.074	0.071	—
主要化合价	+1	+2	+3	+4、-4	+5、-3	-2	-1	0
金属性与非金属性	活泼金属	金属	不活泼非金属	非金属	活泼非金属	很活泼非金属	最活泼非金属	稀有气体
原子序数	11	12	13	14	15	16	17	18
元素名称	钠	镁	铝	硅	磷	硫	氯	氩
元素符号	Na	Mg	Al	Si	P	S	Cl	Ar
核外电子排布	2 8 1	2 8 2	2 8 3	2 8 4	2 8 5	2 8 6	2 8 7	2 8 8
原子半径/nm	0.186	0.160	0.143	0.117	0.110	0.102	0.099	—
主要化合价	+1	+2	+3	+4、-4	+5、-3	+6、-2	+7、-1	0
金属性与非金属性	很活泼金属	活泼金属	金属	不活泼非金属	非金属	活泼非金属	很活泼非金属	稀有气体

二、原子半径的周期性变化

电子层数相同的原子,随着核电荷数的递增,原子核对外层电子的吸引力逐渐增大,原子半径逐渐变小;最外层电子数相同的原子,随着电子层数增多,原子半径明显增大。观察表 4-6 可知:随着原子序数的递增,元素的原子半径不断重复从大到小的周期性变化。

图 4-4 所示为一些元素原子半径的周期性变化。

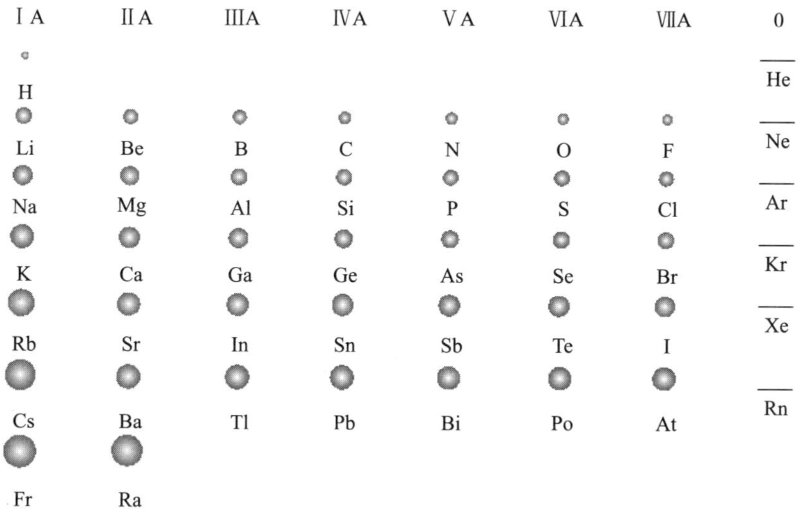

图 4-4 元素原子半径的周期性变化

三、元素主要化合价的周期性变化

元素的化合价与原子的电子层结构特别是最外层电子的数目有密切关系。最外电子层全部排满电子的稀有气体原子,化学性质很稳定,一般不与其他物质发生反应。原子最外层有 8 个电子(K 层为最外层时有 2 个电子)的结构为稳定结构,其他结构的原子都有得或失电子而使其最外层达到稳定结构的倾向,如 17 号元素 Cl 原子最外层有 7 个电子,可以得到 1 个电子或失去 7 个电子而达到最外层 8 个电子的稳定结构,所以它的最高正化合价为 +7,负化合价为 -1。从表 4-6 中可以看出:具有相同电子层数的原子,随着原子序数的增大,其元素的最高正价由 +1 逐渐递增到 +7(氧、氟除外),负价由 -4 逐渐递变到 -1。元素的化合价随着原子序数的递增也呈现周期性的变化。

四、元素金属性与非金属性的周期性变化

元素的金属性是指其原子失去电子形成阳离子的性质,非金属性则是指原子得到电子形成阴离子的性质。

元素原子的最外层电子数越少,在化学反应中就越容易失去电子,元素的金属性就越强,生成的阳离子就越稳定。反之,元素原子的最外层电子数越多,其在化学反应中

就越容易得到电子,元素的非金属性就越强,生成的阴离子就越稳定。

从表 4-6 中可以看出:具有相同电子层数的原子,随着原子序数的递增,金属性与非金属性的变化有明显的规律:从活泼金属开始,元素的金属性逐渐减弱,非金属性逐渐增强,直到活泼非金属,最后以稀有气体结尾。18 号以后的元素也有相同的规律。即随着原子序数的递增,元素的金属性和非金属性也呈周期性的变化。

元素的性质随着元素原子序数的递增而呈周期性的变化,这个规律叫作元素周期律。元素周期律是门捷列夫于 1869 年总结出来的,它的发现揭示了原子结构和元素性质的内在联系,对化学科学的发展起到了巨大的作用。

课外阅读

门捷列夫与元素周期律的发现

科学研究需要理论思维,科学家根据已有知识、经验提出科学假说,这种假说经过科学实验得到证实,从而证明正确。这是体现科学精神的重要内容之一。门捷列夫(见图 4-5)与元素周期律的发现生动地体现了这一科学精神。

1869 年以前,人们对化学元素如氢、氧、钾、镁等的性质,已经有了一定的认识。至于诸元素之间的联系,则缺乏研究,更谈不到对未知元素的预测了。那时,每出现一种新元素,就像突然来了一位不速之客一样,完全出乎意料。

图 4-5 门捷列夫

1869 年,俄国的门捷列夫(1834—1907)在经过 4 年多的研究后,提出了元素周期律,发表了第一张元素周期表。他把当时已经发现的 63 种元素都列在表中,表中共有 66 个位置,尚有 3 个空位只有原子量而没有元素名称,他提出假说,认为有这种原子量的未知元素存在。他还对铟、碲、金、铋 4 种元素的原子量表示怀疑。这是门捷列夫发现元素周期律的最初思想。第一张元素周期表发表以后,门捷列夫对元素周期律继续进行了深入研究。特别是重新审定了许多元素的原子量。于 1871 年 12 月发表了第二张元素周期表。与他的第一张元素周期表相比,这张元素周期表更完备、更精确、更系统,是现代各种元素周期表的先驱。

门捷列夫在发表他的第二张元素周期表时,他给尚未发现的元素留下了 6 个空位。他在论文中又进一步对其中 3 种元素的性质和存在做了大胆的预言。这 3 种未知元素,他分别假定为"类硼"(钪)、"类铝"(镓)和"类硅"(锗)。他还说明:"我决定这样做,是因为在我预言的那些物质中要是有一种被人发现,我马上就彻底相信,并使其他化学家相信,作为我的周期系的基础的那些假设是正确的。"门捷列夫的预言,后来都以惊人的准确被证实了。

1875 年,就在他预言"类铝"(镓)的 4 年之后,法国化学家瓦萨德朗用分光镜分析闪锌矿时发现镓。镓的发现,使人类第一次科学地预言了的元素得以应验,充分证实了元素周期律的正确性。接着,1879 年瑞典化学家尼尔森在对矿石进行研究的过程中,发现了空位上的第二种元素钪(Sc)即"类硼",钪的性质与门捷列夫所预言的类硼相合。钪的发现,使门捷列夫的元素周期律又一次得到光辉的证实。

1886 年,德国化学教授文克勒在分析一种矿石时,发现了锗(Ge)即"类硅",当时人们尚不知道这种新元素,经过对这种元素的分析,发现这种元素与门捷列夫在 1871年预言过的类硅的性质一致。

此外,门捷列夫还预言过类钡、类碲、类镧等 8 种未知元素,这些元素都在 20 世纪初相继被发现。

是什么引导着门捷列夫做出了如此重大的发现呢?关键是他对化学规律的深刻认识。他深信在一切化学元素之间,一定存在着内部联系,就像开普勒坚信行星运动一定有规律一样。当人们问他,根据什么线索才能提出这种假说。门捷列夫说:"人们不止一次问我,根据什么、由什么思想出发而发现并肯定了周期律?让我尽力来答复一下吧!……当我在考虑物质的时候,……总不能避开两个问题:多少物质和什么样的物质?就是说两种观念:物质的质量和化学性质。而化学这门研究物质的科学的历史,一定会引导人们——不管人们愿不愿意——不但要承认物质质量的永恒性,而且也要承认元素化学性质的永恒性。因此,自然而然就产生出这样的思想:在元素的质量和化学性质之间,一定存在着某种联系,物质的质量既然最后成为原子的形态,因此就应该找出元素特性和它的原子量之间的关系。而要寻找某种东西——不论是野草也好,或是某种关系也好,除了研究和试探以外,再没有别的方法了。于是我就开始搜集,将元素的名字写在纸片上,记下它们的原子量和基本特性,把相似的元素和相近的原子量排列在一起……"他又说:"因此,一方面寻求元素的性质和其原子量之间的关系,而在另一方面寻求其相似点与原子量之间的关系,算是最简捷和极自然的想法了。"

(作者:钟樊文)

选自 http://www.cnfxj.org

思考与练习

一、填空题

1. 元素的原子序数与原子的_____和_____相同。

2. 原子序数为 1—2 的元素,有_____个电子层;原子序数为 3—10 的元素,有_____个电子层,最外层电子从 1 个增加到_____个,最外层电子数达到_____,形成稳定结构。原子序数为 11—18 的元素,有_____个电子层,最外层电子数由 1 个增加为_____,达到稳定结构。

3. 表 4-6 中从第 3 号元素锂到 9 号元素氟,元素的最高正化合价逐渐_____,从第_____号元素开始出现负化合价。第 8 号元素的最高正化合价为_____,负化合价为_____。

二、选择题

1. 在下列元素中原子半径最小的是( )。

A. 氮 B. 氯

C. 硼 D. 氟

2. 在下列元素中非金属性最强的是( )。

A. 钠 B. 磷

C. 镁 D. 氧

3. 在下列元素中原子达到稳定结构的是( )。

A. 锂 B. 碳

C. 硫 D. 氩

4. 下列递变情况正确的是( )。

A. 硅、磷、硫的原子半径依次增大

B. 锂、铍、硼的正化合价依次升高

C. 碳、氮、氧的最外层电子数依次减少

D. 氮、氧、氟的负化合价的绝对值依次增大

三、判断题

1. 目前已发现的所有元素之间均无内在联系。( )

2. 随着原子序数的递增,元素的性质呈现周期性的变化。( )

3. 元素性质的周期性变化与元素原子的核外电子排布的周期性变化没有必然联系。( )

第三节 元素周期表

按照元素周期律,将目前已知的元素中原子电子层数相同的各种元素,按原子序数递增的顺序从左到右排成横行,再把原子最外层电子数相同的元素按电子层递增的顺序由上到下排成纵行,所得表格称为元素周期表。元素周期表是元素周期律的具体表现形式,它反映了元素之间相互联系的规律。

一、元素周期表的结构

1. 周期

元素周期表中的每一横行称为一个周期,共有 7 个周期。周期的序数就是该周期元素原子所具有的电子层数。例如,第四周期元素的原子,核外有 4 个电子层;反之,若原子的核外有 5 个电子层,则该元素在周期表中就位于第五周期。

各周期元素的数目不完全相同。第一周期只有 2 种元素,第二、三周期各有 8 种元素,这 3 个周期所含元素较少,称为短周期;第四、五周期各有 18 种元素,第六周期有 32 种元素,它们所含元素较多,称为长周期;第七周期尚未填满,称为不完全周期。

第六周期中 57 号元素镧(La)到 71 号元素镥(Lu),共 15 种元素,它们的电子层结

构和性质都非常相似,总称为镧系元素。为了使周期表的结构紧凑,将这 15 种元素放在表中的同一方格里,并按原子序数递增的顺序,把它们另列在表的下方。

第七周期中 89 号元素锕(Ac)至 103 号元素铹(Lr),共 15 种元素,它们彼此的电子层结构和性质也非常相似,总称为锕系元素。同样地,把它们放在周期表的同一方格里,并按原子序数递增的顺序另列在表下方镧系元素的下面。

2. 族

周期表共有 18 列,除第 8、9、10 三个纵行统称为Ⅷ族外,其余 15 个纵行每列为一个族。族的序数分别用罗马数字 Ⅰ 、Ⅱ 、Ⅲ 、Ⅳ 、Ⅴ 、Ⅵ 、Ⅶ表示。

周期表中有主族、副族、Ⅷ族和 0 族共 16 个族。

由短周期元素和长周期元素共同构成的族叫作主族,表中共有 7 个主族。完全由长周期元素构成的族叫作副族,表中共有 7 个副族。主族以在族序号后标一个“A”字来表示,如ⅠA、ⅡA、…、ⅦA。副族以在族序号后标一个“B”字来表示,如ⅠB、ⅡB、…、ⅦB。主族序数等于该族元素的最外层电子数,也是该族元素的最高正化合价的数值。全部副族元素及Ⅷ族元素统称为过渡元素。

由稀有气体元素构成的族叫作 0 族,族内元素化学性质非常不活泼,在通常状况下难以发生化学反应。

二、元素的性质与其在周期表中位置的关系

元素在周期表中的位置,反映了该元素的原子结构和一定的性质。

1. 元素的金属性和非金属性与其在周期表中位置的关系

元素金属性的强弱,可以从其单质与水(或酸)反应置换出氢的难易程度,以及它的氧化物的水化物(氧化物直接或间接与水生成的化合物)——氢氧化物的碱性强弱来判断。

元素非金属性的强弱,可以由其最高价氧化物的水化物的酸性强弱,或与氢气生成气态氢化物的难易程度来判断。

(1)同一主族元素

同一主族元素其最外层电子数相同,化学性质相似。从上到下电子层逐渐增多,原子半径逐渐增大,失电子越来越容易,得电子能力逐渐减弱,即金属性逐渐增强,非金属性逐渐减弱。

【实验 4-1】　取 2 只 250 mL 烧杯,各加入 120 mL 蒸馏水;用小刀切割绿豆大小的金属钾和钠一粒,分别放入盛水的烧杯中,观察现象。

由实验可明显看到:钾与水的反应比钠与水的反应剧烈,并且能使生成的氢气燃烧,发生轻微爆炸。

$$2Na+2H_2O \rule{1cm}{0.4pt} 2NaOH+H_2\uparrow$$
$$2K+2H_2O \rule{1cm}{0.4pt} 2KOH+H_2\uparrow$$

可知:金属性 K>Na。

(2)同一周期元素

同一周期元素核外电子层数相同,从左到右,随着核电荷数依次增大,原子半径

逐渐变小,失电子越来越难,得电子能力逐渐增强,金属性逐渐减弱,非金属性逐渐增强。

以第三周期元素为例来讨论同周期元素性质的递变规律。

已知第 11 号元素钠是非常活泼的金属元素,它的单质与冷水能迅速反应,其氧化物的水化物氢氧化钠呈强碱性。

【实验 4-2】 取一段用砂纸打磨光亮的镁条放入试管中,加入 5 mL 冷水和 2 滴酚酞试液,观察现象。然后加热至沸腾,观察现象。

实验表明:镁不易与冷水反应,但加热时能与沸水反应,产生大量气泡并使溶液呈淡红色。

$$Mg + 2H_2O \xrightarrow{\triangle} Mg(OH)_2 + H_2 \uparrow$$

镁能从水中置换出氢气,说明它是一种活泼金属。它只能与沸水作用,生成的氢氧化镁碱性也比氢氧化钠弱,说明镁的金属性弱于钠。

【实验 4-3】 取一小段镁条和一小片铝片(大小相似),用砂纸擦去表面的氧化膜后分别放入两支试管中,再各加入 5 mL 浓度相同的稀盐酸,观察现象。

实验表明:镁、铝都能与盐酸反应放出氢气,但铝与酸的反应不如镁与酸的反应剧烈,说明铝的金属性弱于镁。

$$Mg + 2HCl === MgCl_2 + H_2 \uparrow$$
$$2Al + 6HCl === 2AlCl_3 + 3H_2 \uparrow$$

对铝的氧化物(Al_2O_3)及其水化物氢氧化铝[$Al(OH)_3$]的研究表明,它们都能与酸反应生成盐和水,同时也都能与强碱作用生成盐和水,说明氧化铝、氢氧化铝已呈现碱、酸两性,即铝虽然是金属,但已表现出一定的非金属性。

第 14 号元素硅是非金属元素,其氧化物 SiO_2 是酸性氧化物,它的对应水化物是原硅酸(H_4SiO_4)。原硅酸是一种很弱的酸。硅只有在高温下才能与氢气反应生成气态氢化物 SiH_4。

第 15 号元素磷是非金属元素,它的最高价氧化物 P_2O_5 是酸性氧化物,P_2O_5 对应的水化物磷酸(H_3PO_4)为中强酸,磷的蒸气能与氢气反应生成气态氢化物 PH_3,但反应较困难。

第 16 号元素硫是活泼非金属元素,其最高价氧化物 SO_3 是酸性氧化物,SO_3 对应的水化物 H_2SO_4 为强酸。在加热时,硫能与氢气化合生成气态氢化物 H_2S。H_2S 不稳定,在较高温度时会发生分解。

第 17 号元素氯是很活泼的非金属元素,其最高价氧化物 Cl_2O_7 对应的水化物高氯酸($HClO_4$)为已知无机酸中最强的酸。氯气与氢气在光照或点燃时就能剧烈化合,生成的气态氢化物(HCl)十分稳定。

第 18 号元素氩是一种稀有气体元素。

综上所述,钠、镁、铝、硅、磷、硫、氯的金属性依次减弱,非金属性依次增强。对其他周期元素的化学性质递变进行讨论,可以得到相似的结果。

元素周期表中元素性质的递变规律如表 4-7 所示。

表 4-7 主族元素金属性和非金属性的递变规律

周期	I A	II A	III A	IV A	V A	VI A	VII A
1	非金属性逐渐增强 →						
2	Li	Be	B	C	N	O	F
3	Na	Mg	Al	Si	P	S	Cl
4	K	Ca	Ga	Ge	As	Se	Br
5	Rb	Sr	In	Sn	Sb	Te	I
6	Cs	Ba	Tl	Pb	Bi	Po	At
7	Fr	Ra					

金属性逐渐增强（左列向下） 非金属性逐渐增强（右列向下） 金属性逐渐增强（底行向左）

讨 论

观察表 4-7,你能找出周期表中金属性最强的元素、非金属性最强的元素及具有两性的元素吗?

2. 元素化合价与元素在周期表中位置的关系

元素的化合价与原子的电子层结构有关,特别是与最外层电子的数目有关。通常将元素原子的最外层电子称为价电子。有些元素(副族)的化合价与它们原子的次外层甚至倒数第三层的部分电子有关,这部分电子也叫做价电子。元素的价电子全部失去后所表现出的化合价称为元素的最高正价。

表 4-8 各主族元素的价电子结构和化合价的关系

主族	I A	II A	III A	IV A	V A	VI A	VII A
价电子数	1	2	3	4	5	6	7
最高正化合价	+1	+2	+3	+4	+5	+6	+7
负化合价				−4	−3	−2	−1

由表 4-8 可知,对于主族元素,存在如下关系:

元素的最高正化合价 = 主族的序数

非金属元素的负化合价 = 最高正化合价 − 8

例如,磷位于周期表的 V A 族,它有 5 个价电子,最高正化合价为 +5;而它的负化合价的数值则等于原子最外层达到 8 个电子稳定结构时所需得到的电子数,所以是 −3

价,即它的最高正化合价与其负化合价的绝对值的和等于 8。

副族元素和第Ⅷ族元素的化合价比较复杂,在这里不做讨论。

三、元素周期律和元素周期表的意义及应用

元素周期律的发现,对化学的发展有非常重要的影响。它反映了元素之间的内在联系,是一百多年来全世界科学研究者智慧的结晶。它从自然科学方面有力地论证了事物变化中量变导致质变的规律性。元素周期表将各种元素归纳在一个可以反映内在联系的体系中,揭示了元素性质的递变规律,是学习和研究化学的重要工具;它预言新元素的存在并指导人们去加以发现;可作为判断元素性质的一个依据,对于人们寻找半导体材料、研制合成新农药、开发合金材料等,都具有重大的指导意义。

讨 论

书后所附"元素周期表",你能看出多少内容?

思考与练习

一、填空题

1. 元素周期表中,第_____周期为短周期,第_____周期为长周期,第七周期为_____周期。

2. 元素周期表中,同一周期的主族元素,从左到右原子半径逐渐_____,失电子能力逐渐_____,得电子能力逐渐_____,金属性逐渐_____,非金属性逐渐_____。

3. 元素周期表中,同一主族元素从上到下原子半径逐渐_____,失电子能力逐渐_____,得电子能力逐渐_____,金属性逐渐_____,非金属性逐渐_____。

二、选择题

1. 下列元素按非金属性依次减弱的顺序排列的是( ),按金属性依次增强的顺序排列的是( )。

A. Na、K、Rb、Cs   B. K、Na、Mg、Al

C. B、C、N、O   D. F、Cl、Br、I

2. 下列氢化物中最不稳定的是( )。

A. PH_3 B. H_2Se C. H_2S D. HCl

3. 下列物质的水溶液,碱性最强的是( ),酸性最强的是( )。

A. HNO_3 B. NaOH   C. $Mg(OH)_2$ D. $HClO_4$

三、判断题

1. 当第七周期填满了之后,元素周期表就固定不变了。( )

2. 在元素周期表中,每一种元素均占一个方格。( )

3. 由元素在周期表中的位置可基本确定它的性质。( )

4. 原子序数为 16、8 的两种元素可形成 AB_2 型化合物。(　　)

四、思考题

已知某元素的原子序数为 35,确定它在元素周期表中的位置、金属性和非金属性。

本章小结

一、原子的构成

原子的构成如表 4-9 所示。

表 4-9　原子的构成

构成原子的微粒		电性和电荷量	质　　量	相对质量近似值
原子核	质子	1 个质子带 1 个单位的正电荷	$1.673×10^{-27}$ kg	1.007
	中子	不带电荷	$1.675×10^{-27}$ kg	1.008
核外电子		1 个电子带 1 个单位的负电荷	质子质量的 1/1 836	1/1 836

二、原子核外电子的排布与元素周期律

在多电子原子中,核外电子是分层排布的,且有一定的规律;随着元素原子序数的递增,原子核外电子的排布呈现周期性变化,元素的性质也因而呈现周期性变化,这就是元素周期律。

三、元素周期表的知识提要

1. 周期

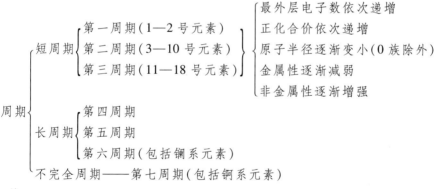

2. 族

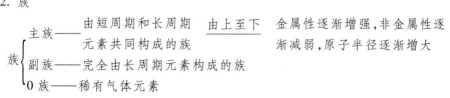

复习题

一、填空题

1. $^{131}_{53}I$ 原子中含有_____个电子，_____个质子，_____个中子。它的质量数为_____。碘原子的结构示意图为_____。碘在周期表中位于第_____族，第_____周期。碘元素的最高正化合价为_____，常见化合价有_____。

2. A 元素的原子最外层第三层的电子数比其第二层少 2，该元素位于周期表中的位置为____周期_____族，其元素符号是____。Z 元素的原子核外有 3 个电子层，最外层的电子数比其第一层多 5，它的单质在点燃或强光照射下可与氢气反应生成另一种气体，该元素位于周期表中第_____周期，第_____族。

3. 稀有气体原子的结构为_____结构，其特点为最外电子层均有(氦特殊)_____个电子，通常状况下难以发生化学反应，化合价被视为_____。

二、选择题

1. 在下列各组元素中，不属于同位素的是(　　　)。

A. $^{235}_{92}U$、$^{238}_{92}U$　　　　　　　　　　B. $^{1}_{1}H$、$^{2}_{1}H$

C. $^{59}_{27}Co$、$^{60}_{27}Co$　　　　　　　　　　D. 石墨和金刚石

2. 与氧元素相同周期不同族的元素是(　　　)。

A. 钠　　　　　　B. 氟　　　　　　C. 氦　　　　　　D. 硫

3. 下列元素中金属性最强的是(　　　)。

A. Li　　　　　　B. C　　　　　　C. S　　　　　　D. Rb

4. 下列元素中最高正化合价最高的是(　　　)。

A. Si　　　　　　B. Cs　　　　　　C. Br　　　　　　D. O

三、判断题

1. 同一种元素只能对应着同一种原子。(　　　)

2. 原子序数最大的元素原子半径也最大。(　　　)

3. 所有元素都既有正化合价也有负化合价。(　　　)

4. 同一主族的元素化学性质很相似。(　　　)

学生实验

同主族、同周期元素性质的递变

实验目的

巩固对同主族、同周期元素性质递变规律的认识。

实验用品

仪器：试管、试管夹、锥形瓶、酒精灯、砂纸、镊子、小刀、剪刀

药品：钠条、镁条、铝片、酚酞试液、Na_2S 溶液、NaCl 溶液、NaBr 溶液、KI 溶液、氯水、溴水、稀盐酸

实验步骤

一、同主族元素性质的递变

1. 在 3 支试管中，分别加入约 2 mL NaCl 溶液、NaBr 溶液和 KI 溶液，然后各加入约 1 mL 新制的氯水。观察现象。

2. 用溴水代替氯水进行操作，观察现象。

二、同周期元素性质的递变

1. 在 100 mL 的锥形瓶中注入约 50 mL 水，然后取绿豆大小的金属钠放入其中，观察现象。再向瓶中滴入 2 滴酚酞试液，观察现象。

2. 取 1 根镁条，用砂纸擦去表面的氧化物后，剪成几小段，放入盛有 2 mL 水的试管中，振荡，观察现象。再向试管中滴入 2 滴酚酞试液，观察现象。

另取 1 支试管，放入 2 mL 水和几小段擦去表面氧化物层的镁条，振荡，观察现象。然后将试管加热至水沸并持续 2 min，观察现象。冷却后向试管中滴入 2 滴酚酞试液，观察现象。

3. 各取一段用砂纸擦去表面氧化物的大小相似的铝片和镁条，分别放入 2 支试管中，再各加入 2 mL 稀盐酸，观察现象。

4. 在试管中加入约 3 mL Na_2S 溶液，然后加入几滴新制的氯水，观察现象。

问题与讨论

1. 同主族元素的性质是如何递变的？对应于钠与水的反应，推论钾与水反应的剧烈程度。

2. 同周期元素金属性和非金属性是如何变化的？

第五章 常见的金属

金属在自然界中种类繁多,应用广泛。金属的微观结构很相近,性质也很相近。通过本章的学习,巩固初中所学的金属知识,并对金属的性质有更加系统的了解。熟悉生产、生活中常见的金属种类及其应用,并将所学知识应用于生活,更好地解决生活中的实际问题。

学习目标

通过本章的学习,将实现以下目标:

★ 了解金属元素在元素周期表中的位置,掌握金属的主要物理和化学性质。

★ 掌握铝、铁、铜及其化合物的性质和用途。

★ 了解合金的种类、性质和用途。

人类文明的发展和社会的进步同金属材料关系十分密切。继石器时代之后出现的铜器时代、铁器时代,均以金属材料的应用为标志。现代,种类繁多的金属材料已成为人类社会发展的重要物质基础。在已发现的 100 多种元素里,大约有 4/5 是金属元素。

第一节 金属的一般通性

在日常生活中,我们经常接触各种各样的金属,但对于金属的结构、性质、用途了解得还是很少。各种金属之间究竟有何联系? 它们有哪些重要性质呢?

一、金属的物理性质

金属晶体中存在金属离子和自由电子。金属离子总是紧密地堆积在一起,与自由电子之间存在较强烈的金属键①,自由电子在整个晶体中自由运动。这样的结构使金

---

① 金属键(metallic bond)是化学键的一种,主要在金属中存在。由自由电子及排列成晶格状的金属离子之间的静电吸引力组合而成。金属键有很多特性。例如,一般金属的熔点、沸点随金属键强度增加而升高。

属具有共同的特性,如有光泽、不透明,是热和电的良导体,有良好的延展性和机械强度,如图 5-1 所示。

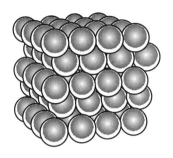

图 5-1　金属的内部结构

1. 不透明、具有光泽

金属都是不透明的,整块金属具有金属光泽。原因是,一方面,金属晶体中的自由电子能够吸收照射到金属表面的可见光,所以金属是不透明的;另一方面,自由电子又可以把部分所吸收的可见光反射出去,从而使金属具有光泽。当金属处于粉末状态时,常显不同的颜色,如图 5-2 所示。

图 5-2　金属不透明、具有光泽

2. 导电性和导热性

这里引入一个"电子空位①"概念。电子空位是电子流动的通路,有了这样的通路,电子才能在其间运动,形成电子的定向流动,从而形成电流。电流的形成除了电压差之外还必须得有"通路"——让电子定向通过的空间。金属内部有自由电子和电子空位,这就是金属能够导电的原因。

银的导电能力在普通金属中名列第一,超过汞和铜。一些精密仪表常用银丝作导线,电子管的插脚镀上银,这样做不仅仅是为了美观,更是为了获得强的导电能力。

金属传导热量的性能称为导热性。当金属的一部分受热时,受热部分的自由电子能量增加,运动加剧,不断跟金属离子碰撞而交换能量,把热量从一部分传向整块金属,因而金属有良好的导热性。

①　原子外层存在着能让电子在其间穿越运动的空位,这种空位叫作电子空位。

通常把金属的导电性和导热性称为金属的传导性。常见金属的传导性,由强到弱的顺序为:银、铜、金、铝、锌、铁、铂、锡、铅。日常生活中,铜、铝、铁来源丰富,价格比较便宜,被广泛用作制造导线和热交换器的材料。

3. 延展性

金属能拉成细丝,压成薄片,这是金属的一个重要物理性质——延展性。当金属受到外力作用时,金属晶体中排列整齐的各层金属原子(离子)可以做相对滑动。自由电子和金属离子的作用不会因滑动而破坏,这就是金属能够被展成薄片、抽成细丝的原因。在工业生产和日常生活中,金属的这一特性有着广泛应用。

不同的金属,其延展性不同。铂是延性最好的金属,最细的铂丝直径只有 1/5 000 mm。金是展性最好的金属,可以锤成比纸还薄的金箔,厚度仅有 1 cm 的 50 万分之一。也就是说,把 50 万张金箔叠合起来,才有 1 cm 那样厚。也有少数金属的延展性较差,如锑、铋、锰等,受到敲打时就会破碎成小块。

4. 金属的密度、熔点、硬度

金属在常温下,除汞外都是固体。不同的金属,其核电荷数、价电子层结构、原子半径及金属键的强弱不同,使金属的密度、熔点、硬度等性质差别很大。如汞的熔点为 $-38.9\ ℃$,钨的熔点却高达 $3\ 410\ ℃$;铬的硬度很大钠的硬度很小。图 5-3 所示为几种常见金属的密度比较。

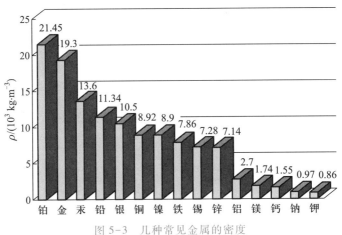

图 5-3　几种常见金属的密度

二、金属的化学性质

金属元素的原子容易失去电子成为金属离子,因此金属单质具有还原性。金属的反应可以用下式表示:

$$M-ne^-=\!=\!=M^{n+}$$

1. 金属与非金属反应

绝大多数金属都能与活泼的非金属如氧气、卤素单质、硫等反应,生成相应的金属氧化物、卤化物和硫化物等。例如:

$$2Cu+O_2 \xrightarrow{\triangle} 2CuO \quad （铜加热变黑的原理）$$
$$4Fe+3O_2 =\!=\!= 2Fe_2O_3 \quad （铁生锈原理）$$
$$2Na+Cl_2 =\!=\!= 2NaCl$$
$$Hg+S =\!=\!= HgS \quad （日常生活中处理水银的化学原理）$$

2. 金属与水反应

金属可以与水发生反应,生成氢气。例如:

$$2K+2H_2O =\!=\!= 2KOH+H_2\uparrow$$
$$3Fe+4H_2O(g) \xrightarrow{高温} Fe_3O_4+4H_2\uparrow \quad （铁壶烧水壶底变黑的原理）$$

3. 金属与酸反应

金属可以与酸发生反应。在金属性活动顺序表中,通常排在氢前面的金属可以把氢从酸溶液中置换出来,形成氢气。例如:

$$Fe+2HCl =\!=\!= FeCl_2+H_2\uparrow$$
$$Zn+H_2SO_4 =\!=\!= ZnSO_4+H_2\uparrow$$

当金属遇到具有强氧化性酸的时候,产物就不再是氢气。在金属性活动顺序表中,排在氢后面的金属通常不与弱氧化性的酸反应,但是可以与强氧化性的酸,如浓硫酸、浓硝酸、王水[①]等反应。

$$Cu+2H_2SO_4 =\!=\!= CuSO_4+SO_2\uparrow+2H_2O$$
$$Au+HNO_3+4HCl =\!=\!= H[AuCl_4]+NO\uparrow+2H_2O$$
$$3Pt+4HNO_3+18HCl =\!=\!= 3H_2[PtCl_6]+4NO\uparrow+8H_2O$$

4. 金属与盐溶液反应

金属可以与盐溶液发生反应。在金属性活动顺序表中,排在前面的金属可以把后面的金属从其盐溶液中置换出来。例如:

$$Fe+CuSO_4 =\!=\!= Cu+FeSO_4$$
$$Zn+FeCl_2 =\!=\!= Fe+ZnCl_2$$

有金属参与的化学反应,金属原子通常失去电子被氧化,金属单质为还原剂。

课外阅读

金 属 之 最

1. 地壳中含量最多的金属元素——铝

铝属第三周期ⅢA族,占地壳总量的 7.45%。铝是银白色轻金属,具有良好的延展性、导电性、导热性,常用它制造电线、电缆、炊具等;通常铝表面有致密氧化膜而具有抗腐蚀能力;金属铝通常用电解法冶炼。

---

① 王水(aqua regia),又称王酸、硝基盐酸,是一种腐蚀性非常强、冒黄色烟的液体,是浓硝酸(HNO₃)和浓盐酸(HCl)组成的混合物,其混合比例为 1:3(体积比),具有比浓硝酸或浓盐酸更为强烈的腐蚀作用,是少数能够溶解金和铂的物质之一,这也是它的名字的来源。不过一些惰性金属,如钽、铑、钌、锇、铱、钛等,则不受王水腐蚀。

2. 人体中含量最高的金属元素——钙

　　钙属第四周期 II A 族,为银白色金属。钙是人体和动物必不可缺的元素,是人和动物骨骼的主要成分元素。据测定,人每天需摄取 0.7 g 钙。在食物中,以豆制品、奶类、鱼蟹、肉类含钙较多。

3. 目前世界年产量最高的金属——铁

　　铁属第四周期 VIII 族,为银白色金属,常见价态为+2 价和+3 价。我国考古工作者曾在河南发掘战国时代的魏墓时发现铁制生产工具——铁犁、铁锄、铁镰刀、铁斧、铁链等。从这些实物可以推断,我国劳动人民早在 3 000 年前的周代已会炼铁。目前钢铁的世界年产量已达到几十亿吨。

4. 最早使用的金属——铜

　　铜属第四周期 I B 族,为紫红色金属。据考证,我国最早的青铜器距今已有 4 000余年的历史。铜有许多种合金,最常见的是黄铜、青铜与白铜:黄铜主要是铜与锌的合金,青铜主要是铜与锡的合金,白铜主要是铜与镍的合金。在大自然中,常见的铜矿是孔雀石,在自然界中最大的天然铜块重达 420 t。

5. 导电性能最好的金属——银

　　银属第五周期 I B 族,为银白色金属,常见化合价为+1 价。它的导电能力在金属中名列第一,因此一些精密仪表常用银丝作导线、电子管的插脚。自然界中最大的天然银块重达 13.5 t。

6. 熔点最高的金属——钨

　　钨属第六周期 VI B 族,是最难熔的金属,熔点高达 3 410 ℃。白炽灯、碘钨灯、真空管中的灯丝,都是用钨制成的。当白炽灯点亮时,灯丝的温度在 3 000 ℃ 以上,在这种温度下,其他金属早已熔化成液体,甚至变成气体,只有钨能承受。我国钨的储量居世界第一位,其中以江西的大庚山脉储量最多。全世界每年有90%的钨用于制造钨钢,钨钢很坚硬、耐腐蚀。

7. 熔点最低的金属——汞

　　汞属第六周期 II B 族,为银白色有光泽的液状金属,室温下可蒸发,汞(蒸气与液态)与它的化合物的毒性大,口服、吸入或接触后可以导致脑和肝的损伤。温度计的液体大多数用酒精,但一些医用温度计仍然使用汞,因为它的精确度高。

8. 密度最大的金属——锇

　　锇属第六周期 VIII 族元素,为灰蓝色金属,密度为 22.7×10^3 kg·m^{-3},是最重的金属。锇的硬度也很大,通常用作自来水钢笔笔尖的尖端圆点部分。

9. 密度最小的金属——锂

　　锂属第二周期 I A 族,为银白色金属,是所有金属中最轻的一种。密度只有同体积水的1/2,甚至会浮在煤油上,所以通常保存在石蜡中。锂的化合物用途越来越重要,如电视机的荧光屏玻璃就是锂玻璃,在碱性电池中加入氢氧化锂,能够大大提高它的电容量。

10. 硬度最高的金属——铬

　　铬属第四周期 VI B 族,为银白色金属,是最硬的金属,可作切割刀具与钻头。金属铬的化学性质也很稳定,不易锈蚀,一些金属架子、自行车车把与钢圈、铁栏杆等,也都常电镀上一层铬,美观而且防锈。不锈钢含有 12% 以上的铬(也有的含 13% 的铬和 8% 的镍)。

11. 展性最强的金属——金

金属第六周期ⅠB族,为金黄色金属,有非常好的延展性。金的化学性质非常稳定,"真金不怕火炼"说的就是这个道理。将浓盐酸与浓硝酸(体积比 3∶1)混合组成的"王水",才能溶解金。金常以颗粒状存在于沙砾中或以微粒状分散于岩石中。

12. 延性最好的金属——铂

铂属第六周期Ⅷ族,为银白色金属,延展性好。常说的"白金"首饰就是铂金。铂由于有很高的化学稳定性和催化活性,多用来制造耐腐蚀的化学仪器,如各种反应器皿、蒸发皿、坩埚、电极、铂网等,铂在化学工业中常用作催化剂。

13. 光照下最易产生电流的金属——铯(除放射性元素外)

铯属第六周期ⅠA族,呈银白色,是最软的金属。铯的金属性特别强,当其表面受到光线照射时,电子便能获得能量而从表面逸出,产生光电流,这种效应叫做光电效应,人们便利用它的这一特点,把金属铯喷镀在银片上,制成各种光电管。

14. 海水中储量最大的放射性元素——铀

铀是锕系元素,为银白色金属,海水中铀的含量远远大于地壳中的铀含量。铀多用作原子反应堆棒状燃料元件的燃料芯。铀的同位素 $^{235}_{92}U$ 是制造原子弹的重要原料。

15. 最具有开发前景的金属——钛

钛属第四周期ⅣB族,为银白色金属,它的主要特点是密度小、强度大、耐腐蚀,是制造新型高速飞机、航天器的重要金属。随着产量的增加,其应用越来越广,被科学家称为"21 世纪的金属"。

16. 最能吸收氢气的金属——钯

钯属第五周期Ⅷ族,为银白色金属,块状金属钯能吸收大量氢气,海绵状或胶状钯吸氢能力更强,在常温下,1 体积海绵状钯可吸收 900 体积氢气,1 体积胶状钯可吸收 1 200体积氢气。加热到 40~50 ℃,钯所吸收的氢气即可大部分释出。

17. 液态范围最大的金属——镓

镓属第四周期ⅢA族,为蓝白色金属,熔点为 29.78 ℃,沸点为 2 205 ℃,保留液态的温度范围最大,是制造高温温度计的优良材料。

18. 最怕冷的金属——锡

锡属第五周期ⅣA族,为银白色金属,锡有三种同素异形体,即灰锡(α-锡)、白锡(β-锡)和脆锡(γ-锡)。在温度低于 -13.2 ℃ 时,金属锡会立即变成粉末,即从灰锡变为脆锡,这种现象常称为"锡疫"。

19. 毒性最大的金属——钚

钚属第七周期ⅢB族锕系元素,为银白色金属。钚是极毒性物质,钚-239 在人体中的最大容许量为 0.6 μg。钚-239 是易裂变核素,可用作核燃料,也用于制造核武器。

20. 应用最广的超导元素——铌

铌属第五周期 **V B** 族,为银灰色的稀有金属。铌冷却到−263.9 ℃的超低温时,它会变成几乎没有电阻的超导体,电阻接近于零,是一种应用广泛的超导体。

选自 http://www.lyge.cn

思考与练习

一、填空题

1. 金属原子的最外层电子数一般较 _____,在化学反应中容易 ____ 电子,金属在化学反应中通常作_____剂。

2. 导电、导热性最好的金属是_____;熔点最高的金属是_____;熔点最低的金属是____;密度最小的金属是_____。

二、选择题

1. 下列不属于金属物理通性的是(   )。

A. 导电性   B. 导热性   C. 银白色光泽   D. 延展性

2. 下列金属原子中,最容易失去电子的是(   )。

A. Ca   B. Mg   C. Fe   D. Ag

3. 在化学反应中,(   )。

A. 金属原子失去电子,单质表现出氧化性,是还原剂

B. 金属原子失去电子,单质表现出还原性,是氧化剂

C. 金属原子失去电子,单质表现出还原性,是还原剂

D. 金属原子得到电子,单质表现出还原性,是氧化剂

三、问答题

1. 金属具有哪些共同的物理性质?对每种性质列举生活中常见的例子加以说明。

2. 金属的化学性质有哪些?在生活中寻找这些性质应用的例子。

第二节 几种重要的金属及其化合物

一、铝及其化合物

铝元素在地壳中的含量仅次于氧和硅,居第三位。铝是地壳中含量最丰富的金属元素,质量分数占整个地壳总量的 7.54%,比铁含量几乎多一倍,是铜含量的近千倍。铝有很多优良的性能,在日常生活和工农业生产中,到处可见铝制品。航空、建筑、汽车三大工业的发展,要求材料具有铝及其合金的独特性质。铝是生活、生产中用途最广泛的金属之一。

1. 铝

铝是一种银白色轻金属,密度为 $2.70 \times 10^3 \ kg \cdot m^{-3}$,熔点为 660 ℃,沸点为 2 327 ℃,有延性和展性。商品常制成棒状、片状、箔状、粉状、带状和丝状。

讨 论

1. 铝位于元素周期表中第几周期? 第几族? 它在元素周期表中的位置有何特点?

2. 画出铝的原子结构示意图,它的原子结构有哪些特点?

铝原子最外层有 3 个电子,在参加化学反应时,容易失去最外层电子成为阳离子:

$$Al - 3e^- \Longrightarrow Al^{3+}$$

铝易与稀硫酸、硝酸、盐酸、氢氧化钠和氢氧化钾溶液发生反应,不溶于水。

(1) 铝跟非金属反应

在常温下,铝容易与空气中的氧气作用,生成一层致密而坚固的氧化物薄膜,从而保护内部的铝不再继续氧化。因此铝制的器皿不宜用硬物擦洗,以免破坏氧化膜。

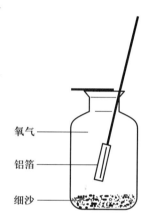

氧气
铝箔
细沙

图 5-4 铝在氧气中燃烧

【实验 5-1】 把一小块铝箔的一端固定在粗铁丝上,另一端裹一根火柴。点燃火柴,待火柴快燃尽时,立即把铝箔伸入盛有氧气的集气瓶中(集气瓶底部要放一些细沙,见图 5-4),观察现象。

实验表明,铝箔在氧气中猛烈燃烧,放出大量的热并发出炫目的白光,生成白色固体三氧化二铝(Al_2O_3)。

$$4Al + 3O_2 \xrightarrow{\text{点燃}} 2Al_2O_3$$

铝除能和氧气起反应外,在加热时还能跟其他非金属如硫、卤素等起反应。

(2) 铝跟酸反应

铝能跟稀盐酸(HCl)或稀硫酸(H_2SO_4)反应,反应的实质是铝与酸中的氢离子反应,氢离子被还原成氢气。

$$2Al + 6H^+ \Longrightarrow 2Al^{3+} + 3H_2 \uparrow$$

在常温下,铝在浓硫酸和浓硝酸里表面被钝化[①],生成坚固的氧化膜,从而可阻止反应继续进行。因此,人们常用铝制的容器装运浓硫酸和浓硝酸。

(3) 铝跟碱反应

很多金属能够与酸反应,却不能与碱反应,铝能不能与碱反应呢?

【实验 5-2】 在两支试管中分别加入 10 mL 浓氢氧化钠(NaOH)溶液,然后各放入一小段铝片和镁片。过一段时间后,用燃着的木条分别放在两支试管口,观察现象。填写表 5-1。

----

① 钝化:应用化学或电化学方法,在金属表面形成一层薄的氧化物层,使金属腐蚀速率大大降低的过程。

表 5-1   铝、镁与氢氧化钠的实验对比

对象	现象	实验结果分析
铝片		
镁片		

通过实验可以看到,镁不能与氢氧化钠溶液反应,但铝能反应,并放出一种可燃性气体,即氢气。同时生成了四羟基合铝酸钠,其化学式为 $Na[Al(OH)_4]$,反应方程式为

$$2Al+2NaOH+6H_2O \!=\!\!=\!\! 2Na[Al(OH)_4]+3H_2\uparrow$$

由于酸、碱、盐等可直接腐蚀铝制品,所以铝制餐具不宜用来蒸煮或长时间存放酸性、碱性和咸的食物。

2. 氧化铝(Al_2O_3)

氧化铝是一种不溶于水的白色粉末。天然存在的氧化铝晶体俗称刚玉。刚玉因为含杂质的不同而呈现不同的色泽。无色透明者称白玉;含微量三价铬的显红色,称红宝石;含二价铁、三价铁或四价钛的显蓝色,称蓝宝石。高温烧结的氧化铝,称人造刚玉或人造宝石,可制作机械轴承或用作钟表上的钻石。氧化铝也用作高温耐火材料,制作耐火砖、坩埚、瓷器等。图 5-5 所示为几种天然的氧化铝晶体。

图 5-5   几种天然的氧化铝晶体

氧化铝是典型的两性氧化物,不溶于水,既可以与酸反应生成铝盐,又能与碱反应生成偏铝酸盐。

$$Al_2O_3+6H^+ \!=\!\!=\!\! 2Al^{3+}+3H_2O$$

$$Al_2O_3+2OH^-+3H_2O \!=\!\!=\!\! 2Al(OH)_4^-$$

3. 氢氧化铝〔$Al(OH)_3$〕

氢氧化铝是典型的两性氢氧化物,是几乎不溶于水的白色胶状物质。

【实验 5-3】 在试管中注入 10 mL 0.5 mol·L^{-1} 硫酸铝〔$Al_2(SO_4)_3$〕溶液,滴加氨水($NH_3·H_2O$),生成白色胶状氢氧化铝〔$Al(OH)_3$〕沉淀。继续滴加氨水,直至不再产生更多沉淀为止。

上述反应可表示如下:

$$Al_2(SO_4)_3+6NH_3·H_2O =\!=\!= 2Al(OH)_3\downarrow+3(NH_4)_2SO_4$$

【实验 5-4】 把实验制得的氢氧化铝分装在 2 支试管中,向一支试管中滴加 2 mol·L^{-1} 的盐酸,向另一支试管中滴加 2 mol·L^{-1} 的氢氧化钠(NaOH)溶液,观察现象。

2 支试管中沉淀均消失了,相关反应可表示如下:

$$Al(OH)_3+3HCl =\!=\!= AlCl_3+3H_2O$$

$$Al(OH)_3+NaOH =\!=\!= Na[Al(OH)_4]$$

通过上述实验可以看到,氢氧化铝在酸或强碱溶液中都能够溶解,说明它既能与酸反应,又能与强碱溶液反应。可见,氢氧化铝是典型的两性氢氧化物。

氢氧化铝加热时,可分解成氧化铝。

$$2Al(OH)_3 \xrightarrow{\triangle} Al_2O_3+3H_2O$$

4. 明矾(十二水合硫酸铝钾)〔$KAl(SO_4)_2·12H_2O$〕

明矾又称白矾、钾矾、钾铝矾、钾明矾,是含有结晶水的硫酸钾和硫酸铝的复盐(复盐是由两种或两种以上的简单盐类组成的盐,在溶液中能电离为简单盐的离子)。

明矾净水是过去民间经常采用的方法,其原理是明矾在水中可以电离出两种金属离子:

$$KAl(SO_4)_2 =\!=\!= K^++Al^{3+}+2SO_4^{2-}$$

而 Al^{3+} 很容易水解,生成胶状的氢氧化铝 $Al(OH)_3$:

$$Al^{3+}+3H_2O =\!=\!= Al(OH)_3\downarrow+3H^+$$

氢氧化铝胶体的吸附能力很强,可以吸附水中悬浮的杂质,并形成沉淀,使水澄清。所以,明矾是一种较好的净水剂。

明矾性味酸涩,寒,有毒。有抗菌作用、收敛作用等,可用作中药。明矾还可用于制备铝盐、发酵粉、油漆、鞣料、澄清剂、媒染剂、造纸助剂、防水剂等。

二、铁及其化合物

铁是地球上分布最广的金属之一,约占地壳质量的 5.1%,含量仅次于氧、硅和铝,居第四位。

在自然界中,游离态的铁只能从陨石中找到,地壳中的铁都以化合物的状态存在。铁的主要矿石有:赤铁矿(Fe_2O_3),含铁量在 50%~60%;磁铁矿(Fe_3O_4),含铁量 60% 以上,有亚铁磁性;此外还有褐铁矿($Fe_2O_3·nH_2O$)、菱铁矿($FeCO_3$)和黄铁矿(FeS_2),它们的含铁量低一些,但比较容易冶炼。图 5-6 所示为几种铁矿石。中国的铁矿资源非

图 5-6 几种铁矿石

常丰富,著名的产地有湖北大冶、东北鞍山等。

1. 铁

铁是最常用的金属。中国是发现和掌握炼铁技术最早的国家。1973 年在中国河北省出土了一件商代铁刃青铜钺,表明中国劳动人民早在 3 300 多年以前就认识了铁,熟悉了铁的锻造性能,识别了铁与青铜在性质上的差别,把铁铸在铜兵器的刃部以加强其坚韧性。经科学鉴定,证明铁刃是用陨铁锻成的,如图 5-7 所示。青铜熔炼技术的成熟,逐渐为铁的冶炼技术的发展创造了条件。钢铁工业是国家工业的基础,1996 年,我国钢产量超过了 1 亿 t,跃居世界首位。人体中也含有铁元素。

图 5-7 古代铁器

在元素周期表中,铁位于第四周期Ⅷ族。它属于过渡元素。铁原子最外电子层只有 2 个电子,在化学反应中容易失去而变为亚铁离子。

$$Fe - 2e^- = Fe^{2+}$$

铁原子也能失去 3 个电子,生成带 3 个单位正电荷的铁离子。

$$Fe - 3e^- = Fe^{3+}$$

所以,铁通常显+2价或+3价。

铁的化学性质比较活泼,它能与许多物质发生化学反应。例如,它能与氧气及某些非金属单质反应,与水、酸、盐溶液反应。

(1)铁与非金属的反应

初中时我们学过,灼热的铁丝在氧气里燃烧,生成黑色的四氧化三铁(Fe_3O_4)。在潮湿的空气中,铁会与氧气反应生成铁锈——三氧化二铁(Fe_2O_3)。

$$3Fe+2O_2 \xlongequal{点燃} Fe_3O_4$$
$$4Fe+3O_2 \xlongequal{} 2Fe_2O_3$$

铁能与其他非金属反应吗?

【实验5-5】 把烧得红热的螺旋状细铁丝伸到盛有氯气(Cl_2)的集气瓶中,观察现象。再把少量水注入集气瓶中,振荡,观察溶液的颜色。

可以观察到,铁丝在氯气中燃烧,冒出棕黄色的烟,这是三氯化铁($FeCl_3$)的小颗粒。加水振荡后,生成黄色溶液。

$$2Fe+3Cl_2 \xlongequal{点燃} 2FeCl_3$$

加热时,铁(Fe)还能与硫(S)起反应,生成硫化亚铁(FeS)。

$$Fe+S \xlongequal{\triangle} FeS$$

铁与上述两种物质发生反应时,化合价的变化不同。铁与氯气反应,铁原子失去3个电子变成+3价的铁。铁与硫反应,铁原子失去2个电子变成+2价的铁。这说明,在氯气、硫这两种物质中,氯气夺电子能力强,氧化性强。

(2)铁与水的反应

在常温下,铁跟水不反应。红热的铁(570 ℃以上)能跟水蒸气起反应,生成四氧化三铁和氢气。

$$3Fe+4H_2O(g) \xlongequal{点燃} Fe_3O_4+4H_2 \uparrow$$

(3)铁与酸的反应

与稀盐酸(HCl)、稀硫酸反应时,铁被氧化为+2价的铁,酸中的氢离子被还原成氢气。

$$Fe+2H^+ \xlongequal{} Fe^{2+}+H_2 \uparrow$$

在常温下,铁遇到浓硫酸、浓硝酸时,则发生钝化,生成致密氧化物薄膜,这层薄膜可以阻止内部金属进一步被氧化。

(4)铁与盐溶液的反应

铁与比它活动性弱的金属的盐溶液起反应时,能置换出这种金属。铁与硫酸铜溶液反应(我国古代湿法冶铜的原理),有红色铜单质析出,溶液逐渐由蓝色变为浅绿色。反应原理如下:

$$Fe+Cu^{2+} \xlongequal{} Fe^{2+}+Cu$$

2. 铁的氧化物

铁的氧化物有氧化亚铁、氧化铁和四氧化三铁等,性质如表5-2所示。

表 5-2　三种铁的氧化物比较

名称	氧化亚铁	氧化铁	四氧化三铁
俗称	无	铁锈,铁红	磁性氧化铁
化学式	FeO	Fe_2O_3	Fe_3O_4
颜色、状态	黑色粉末	红棕色粉末	黑色晶体
铁的价态	+2	+3	+2、+3
水溶性	不溶	不溶	不溶
用途	可被用作色素,在化妆品和刺青墨水中有应用,也用于瓷器制作中使釉呈绿色	在各类混凝土预制件和建筑制品材料中作为颜料或着色剂	常用的磁性材料。特制的纯净四氧化三铁用作录音带和电信器材原材料

从表 5-2 可以看出,铁的氧化物都不溶于水。

氧化亚铁和氧化铁可以与酸反应,分别生成亚铁盐和铁盐:

$$FeO+2H^+ {=\!=\!=} Fe^{2+}+H_2O$$

$$Fe_2O_3+6H^+ {=\!=\!=} 2Fe^{3+}+3H_2O \quad (生活中用醋酸除铁锈原理)$$

3. 铁的氢氧化物

氢氧化亚铁[$Fe(OH)_2$]和氢氧化铁[$Fe(OH)_3$]都是难溶于水的弱碱,可用相应的可溶性盐与碱溶液起反应而制得。

【实验 5-6】　在试管中注入少量三氯化铁溶液,再逐滴滴入氢氧化钠溶液。观察现象。

可以看到,溶液中立即生成了红褐色的氢氧化铁沉淀。

$$Fe^{3+}+3OH^- {=\!=\!=} Fe(OH)_3\downarrow$$

【实验 5-7】　在试管中注入少量新制备的硫酸亚铁($FeSO_4$)溶液,用胶头滴管吸取氢氧化钠溶液,将滴管尖端插入试管中的溶液底部,慢慢挤出氢氧化钠溶液,观察现象。

通过实验可以看到,挤出氢氧化钠溶液后,开始时析出一种白色絮状沉淀,这是氢氧化亚铁。

$$Fe^{2+}+2OH^- {=\!=\!=} Fe(OH)_2\downarrow$$

生成的白色沉淀迅速变成灰绿色,最后变成红褐色。这是因为白色的氢氧化亚铁被空气中的氧气氧化成了红褐色的氢氧化铁。

$$4Fe(OH)_2+O_2+2H_2O {=\!=\!=} 4Fe(OH)_3\downarrow$$

氢氧化亚铁和氢氧化铁都能与酸反应,分别生成亚铁盐和铁盐。

$$Fe(OH)_2+2H^+ {=\!=\!=} Fe^{2+}+2H_2O$$

$$Fe(OH)_3+3H^+ {=\!=\!=} Fe^{3+}+3H_2O$$

课外阅读

铜

铜位于元素周期表的第四周期、ⅠB族,它和银(Ag)、金(Au)合称为铜族元素。

铜的最外电子层有1个电子,在化学反应中能失去1个或2个电子,生成Cu^+或Cu^{2+},因此铜常有+1和+2两种化合价。

铜的化学性质不活泼,常温下在干燥的空气中很稳定,但在潮湿的空气中,铜的表面会生成一层碱式碳酸铜$[Cu_2(OH)_2CO_3]$,俗称铜绿(图5-8),这个反应可以简单表示为

$$2Cu+O_2+H_2O+CO_2\!=\!=\!=\!Cu_2(OH)_2CO_3$$

铜绿有毒,因此铜器皿的表面常要镀锡以防止铜绿的生成。

铜的重要化合物有硫酸铜,一般为五水合物$(CuSO_4\cdot5H_2O)$,俗名胆矾、蓝矾。为天蓝色或略带黄色粒状晶体,水溶液呈酸性,属保护性无机杀菌剂。同石灰乳$[Ca(OH)_2]$混合可得"波尔多"溶液,用作杀虫剂。硫酸铜是制备其他铜化合物的重要原料。硫酸铜也是电解精炼铜时的电解液。

图5-8　铜绿

无水硫酸铜(胆矾经过加热脱水处理后的白色粉末),化学式$CuSO_4$,遇水变蓝,通常用作证明有无水分存在。

思考与练习

一、填空题

1. 铝位于元素周期表第____周期____族,原子最外层有____个电子,在化学反应中容易____电子。

2. 氧化铝和氢氧化铝既可以与____反应,又可以与____反应,它们是典型的____氧化物和____氢氧化物。

3. 铁原子在化学反应中容易失____个电子则变成亚铁离子,如果失去____个电子则变成铁离子。铁是化学性质比较____的金属。

二、选择题

1. 下列物质中既可以与酸反应又可以与碱反应的是(　　　)。

A. Mg　　　　　　　B. Zn　　　　　　　C. Al　　　　　　　D. Fe

2. 铁锈的主要成分为(　　　)。

A. ZnO　　　　　　B. FeO　　　　　　C. Fe_2O_3　　　　　D. Fe_3O_4

三、简答题

1. 查找日常生活中与铝有关的知识,并分类描述铝在生活中的作用。

2. 列举日常生活中除去铁锈的方法(至少3种)。

*第三节 合　金

由两种或两种以上的金属（或金属与非金属）熔合（物理变化）而成的具有金属特性的物质叫作合金。

中国是世界上最早研究和生产合金的国家之一,在商朝（距今 3 000 多年前）青铜（铜锡合金）工艺就已非常发达;公元前 6 世纪左右（春秋晚期）已锻打（还进行过热处理）出锋利的剑（钢制品）。

一、合金的性质

合金的性质与加入合金中各成分的种类、数量及合金本身的结构有关。一般地讲,合金的性质并不是各组成金属性质的总和。

各类型合金都有以下通性:

（1）多数合金熔点低于组分中任一种组成金属的熔点。

（2）硬度一般比组分中任一金属的硬度大（如铝合金。特例:钠钾合金是液态的,用于原子反应堆里的导热剂）。

（3）合金的导电性和导热性低于任一组分金属。利用合金的这一特性,可以制造高电阻和高热阻材料（如保险丝①）。

（4）有的抗腐蚀能力强（如不锈钢）。

二、常见的合金材料及其应用

1. 钢

钢是以铁、碳为主要成分的合金,含碳量一般小于 2.11%。钢按化学成分分为碳素钢（简称碳钢）与合金钢两大类。

碳素钢:按含碳量又可分为低碳钢（含碳量≤0.25%）、中碳钢（0.25%<含碳量<0.6%）、高碳钢（含碳量≥0.6%）。

图 5-9 所示为生活中的钢制品。

图 5-9　生活中的钢制品

---

① 制造保险丝的材料是伍德合金,它是由锡（熔点 505 K）、铋（熔点 544.3 K）、镉（熔点 593.9 K）、铅（熔点 600.5 K）四种金属按照 1：4：1：2 的质量比组成的合金,合金的熔点是 343 K。

合金钢:按合金元素含量又可分为低合金钢(合金元素总含量≤5%)、中合金钢(合金元素总含量 5%~10%)、高合金钢(合金元素总含量>10%)。此外,根据钢中所含主要合金元素种类不同,也可分为锰钢、铬钢、铬镍钢、铬锰钛钢等。

2. 黄铜

黄铜是由铜和锌所组成的合金。黄铜常被用于制造阀门、水管、空调内外机连接管和散热器等。图 5-10 所示为生活中的黄铜制品。

图 5-10 生活中的黄铜制品

3. 青铜

青铜原指铜锡合金,除黄铜、白铜以外的铜合金均称为青铜,并常在青铜名字前冠以第一主要添加元素的名称。

锡青铜的铸造性能、减摩性能和机械性能好,适于制造轴承、蜗轮、齿轮等。

铅青铜是现代发动机和磨床广泛使用的轴承材料。

铝青铜强度高,耐磨性和耐蚀性好,用于铸造高载荷的齿轮、轴套、船用螺旋桨等。

铍青铜和磷青铜的弹性极限高,导电性好,适于制造精密弹簧和电接触元件,铍青铜还用来制造煤矿、油库等使用的无火花工具。

图 5-11 所示为青铜器。

4. 铝合金

铝合金是工业中应用最广泛的一类有色金属结构材料,在航空、航天、汽车、机械制造、船舶及化学工业中已大量应用。生活中的铝合金制品如图 5-12 所示。

图 5-11 青铜器　　　　　　　　图 5-12 生活中的铝合金制品

纯铝的密度小($\rho = 2.7 \times 10^3$ kg·m^{-3}),大约是铁的 1/3,熔点低(660 ℃),具有很高的塑性,易于加工,可制成各种型材、板材,抗腐蚀性能好。纯铝的强度很低,故不宜作结构材料。

铝合金密度低,但强度比较高,接近或超过优质钢,塑性好,可加工成各种型材,具有优良的导电性、导热性和抗蚀性,工业上广泛使用,使用量仅次于钢。

铝合金分两大类:铸造铝合金,在铸态下使用;变形铝合金,能承受压力加工,可加工成各种形态、规格的铝合金材。主要用于制造航空器材、建筑用门窗等。

5. 钛合金

钛合金是 20 世纪 50 年代发展起来的一种重要的结构金属。钛合金因具有强度高、耐蚀性好、耐热性高等特点而被广泛用于各个领域。世界上许多国家都认识到钛合金材料的重要性,相继进行研究开发,并得到了实际应用。生活中的钛合金制品如图 5-13 所示。

第一个实用的钛合金是 1954 年美国研制成功的 Ti-6Al-4V 合金。它的耐热性、强度、塑性、韧性、成形性、可焊性、耐蚀性和生物相容性均较好,成为钛合金工业中的王牌合金,该合金使用量已占全部钛合金的 75%~85%。其他许多钛合金都可以看作 Ti-6Al-4V 合金的改型。

20 世纪五六十年代,主要有发展航空发动机用的高温钛合金和机体用的结构钛合金。70 年代开发出一批耐蚀钛合金。80 年代以来,耐蚀钛合金和高强钛合金得到进一步发展。耐热钛合金的使用温度已从 50 年代的 400 ℃ 提高到 90 年代的 600~650 ℃。结构钛合金向高强、高塑、高强高韧、高模量和高损伤容限方向发展。

20 世纪 70 年代以来,还出现了 Ti-Ni、Ti-Ni-Fe、Ti-Ni-Nb 等形状记忆合金,并在工程上获得日益广泛的应用。

目前,世界上已研制出的钛合金有数百种。

6. 镁合金

镁合金是以镁为基础加入其他元素组成的合金。其特点是:密度小(1.8×10^3 kg·m^{-3} 左右),比强度高,弹性模量大,消振性好,承受冲击载荷能力比铝合金大,耐有机物和碱的腐蚀性能好。主要合金元素有铝、锌、锰、铈、钍及少量锆或镉等。目前使用最广的是镁铝合金,其次是镁锰合金和镁锌锆合金。主要用于航空、航天、运输、化工、火箭等工业部门。

生活中的镁合金制品如图 5-14 所示。

图 5-13   生活中的钛合金制品   图 5-14   生活中的镁合金制品

本章小结

一、金属的通性

不同金属在密度、硬度、熔点、沸点等方面差别很大,但多数金属有许多共同的物理性质,如有金属光泽、延展性、导电导热性等。

金属元素的原子容易失去最外层电子成为金属阳离子,单质具有还原性。

$$M - ne^- \xlongequal{\quad} M^{n+}$$

金属能与氧气或其他非金属、水、酸、盐发生反应。

二、几种重要的金属的化学性质

1. 铝及其重要化合物之间的关系

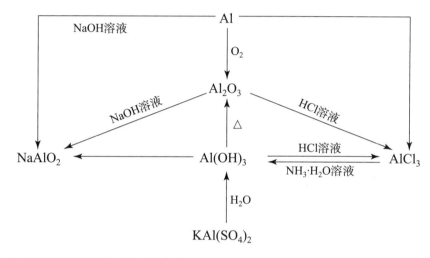

2. 铁及其重要化合物之间的关系

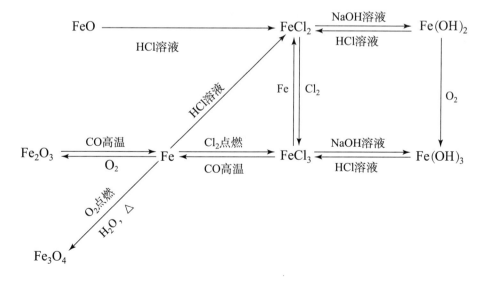

复习题

一、填空题

1. 氯化铝溶液中滴加少量氢氧化钠溶液,现象为_____,继续加入过量的氢氧化钠溶液,现象为_____,化学方程式为_____

_____。

2. 用一种试剂鉴别氯化钠($NaCl$)、氯化铝($AlCl_3$)、氯化铵(NH_4Cl)、氯化亚铁($FeCl_2$)、氯化铜溶液($CuCl_2$),这种试剂是_____。填写下表。

溶液	现象	化学方程式
NaCl		
AlCl₃		
NH₄Cl		
FeCl₂		
CuCl₂		

二、选择题

1. 地壳中含量最多的前两位金属元素是(　　)。

A. Al、Fe
B. Na、K
C. Mg、Zn
D. Ca、Cu

2. 下列水溶液中,加稀硫酸或氯化铝溶液时均有白色沉淀生成的是(　　)。

A. $BaCl_2$
B. $Ba(OH)_2$
C. Na_2CO_3
D. KOH

3. 下列物质中,常温下能用铝容器储存的是(　　)。

① 稀硫酸　　② 浓硫酸　　③ 稀盐酸　　④ 浓盐酸　　⑤ 浓硝酸
⑥ 氢氧化钠溶液　　⑦ 氢氧化钾溶液

A. ②③④
B. ①⑥⑦
C. ②⑤
D. ③⑤⑥

三、试用化学方程式表示下列反应

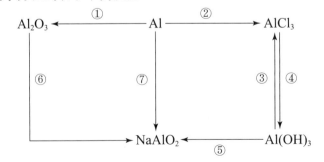

学生实验

铝、铁及其化合物的性质

实验目的

加深对铝、铁等金属及其化合物的主要化学性质的认识。

实验用品

仪器:试管、滴管、酒精灯、砂纸

药品:硫酸、盐酸、氯化铝溶液、氯化铁溶液、氯化亚铁溶液、氢氧化钠溶液、铝片、铁片

实验步骤

一、与酸碱的反应

1. 在 2 支试管中分别放入用砂纸打磨好的大小相近的铝片和铁片,然后分别加入 2 mL 盐酸,观察现象。

思考:如何用化学方法鉴别铝片和铁片是否能与盐酸反应?

2. 在 2 支试管中分别放入用砂纸打磨好的大小相近的铝片和铁片,然后分别加入 2 mL 氢氧化钠溶液,微微加热,观察现象。

思考:如何用化学方法鉴别铝片和铁片是否能与氢氧化钠溶液反应?

二、氢氧化物及其性质

1. 在 3 支试管中分别加入氯化铝溶液、氯化铁溶液、氯化亚铁溶液,然后分别加入 2 mL 氢氧化钠溶液,观察沉淀的颜色。继续滴加氢氧化钠溶液,振荡,观察现象。

2. 在上述溶液中逐滴加入盐酸,并振荡试管,观察现象。

问题与讨论

1. 根据实验现象说明铝具有两性。

2. 分析氯化亚铁溶液加入氢氧化钠溶液后的变化。

第六章　常见的非金属元素

学习提示

　　碳是一切有机物质的基本组成元素;硅是现代电子工业发展和无机非金属材料的基础;氮是大气的基本成分,也是生命的基础物质——蛋白质和核酸的组成元素;硫是橡胶工业不可缺少的添加剂,也是蛋白质的重要组成元素。了解这些非金属及重要的化合物,对我们生产、生活都具有重要意义。

学习目标

通过本章的学习,将实现以下目标:
★掌握碳的单质及其化合物、硅单质和二氧化硅的性质和用途。
★掌握氮、氨的化学性质,硝酸的特性。
★掌握硫、二氧化硫的主要性质,浓硫酸的特性。

第一节　碳和硅及其化合物

　　元素周期表中第ⅣA族元素包括碳(C)、硅(Si)、锗(Ge)、锡(Sn)、铅(Pb)5种元素,统称为碳族元素。它们原子的最外层都有4个电子,常见的价态为+4和+2价。碳族元素随着原子核外电子层数增加,呈由非金属向金属递变的趋势。碳是典型的非金属;晶体硅有金属光泽,但在化学反应中多呈非金属性;锗的金属性比非金属性强;而锡和铅都是金属。

　　本节主要介绍常见碳单质及其化合物、硅单质及其化合物的性质和用途。

一、碳单质的多样性

　　根据自然界中碳单质的微观结构来分,有两大类:一类是晶形碳(简称晶碳),其微观结构中碳原子是按照一定规律排列成有序的晶体形式,包括金刚石、石墨(图6-1)、C_{60}等。另一类是无定形碳,其微观结构中的碳原子排列方式无规则,呈现一种无序的无定形形式,如木炭、焦炭、炭黑和活性炭等。

图 6-1　金刚石、石墨

自然界中，金刚石以矿藏形式深埋地下，含量极少。纯净的金刚石是无色透明、闪光的晶体，含有杂质的金刚石会呈现各种颜色，经过打磨可以成为璀璨夺目的钻石。它是天然存在的最硬的物质，可以用来切割加工钢铁、玻璃等坚硬的物质，还可以用作钻头、刃具和轴承等耐磨器具。

石墨是深灰色、具有金属光泽的细鳞片状晶体，质软，有滑腻感，在工业上常用作固体润滑剂。具有良好的导电和导热性、熔点高、耐酸碱等特点，还常常用作电极，制造耐高温材料、铅笔芯等。

1985 年发现的 C_{60}[①]和以 C_{60} 为代表的富勒烯构成了碳的第四种稳定的新形态。其分子由 60 个碳原子构成，20 个正六边形和 12 个正五边形构成 32 面的空心球体，又称为"球碳""足球烯"或"富勒烯"，C_{60} 的准确名称应为富勒烯-60。以后相继发现了 C_{44}、C_{50}、C_{76}、C_{80}、C_{120} 等纯碳组成的分子，它们均属于富勒烯家族。纯净的 C_{60} 是褐色晶状固体，不导电，微溶于通常的有机溶剂如苯、二硫化碳中。在 0.1 MPa 下，C_{60} 固体在 400 ℃ 时开始升华，到 450 ℃ 开始燃烧。其熔点、硬度相对金刚石与石墨较低。

由于 C_{60} 是形似足球的空心球体，利用物理或化学方法对 C_{60} 进行修饰时，既可在笼内"植入"其他原子，又可在笼外嫁接别的原子或原子团，形成各类衍生物。如将钾、铷、铯掺杂于 C_{60} 中，可得到超导体；由它合成的 $C_{60}F_{60}$，可作为"分子滚珠"和"分子润滑剂"，在高技术发展中起重要作用。此外，C_{60} 可用作催化剂、制作新型光学材料，并且还具有癌细胞杀伤效应和其他医疗特效。

无定形碳实际上也具有类似石墨的精细结构，只是晶粒较小且呈不规则性堆积。木炭、活性炭等具有疏松多孔的结构而具有吸附作用，可以吸附一些气体和微粒。其中活性炭吸附能力极强，可用于制作防毒面具、净化空气和水等。炭黑主要用于制作墨水，以及橡胶的补强剂和填料等。焦炭和木炭还可用于冶金。

像金刚石、石墨、无定形碳、C_{60} 这样由同一元素组成但性质不同的几种单质，叫作该元素的同素异形体。红磷和白磷都是磷的同素异形体，而氧和臭氧都是氧的同素异形体。

---

① 1985 年，英国化学家哈罗德·沃特尔·克罗托博士和美国科学家理查德·埃里特·史茉莱等人在氦气流中以激光汽化蒸发石墨实验中首次制得由 60 个碳原子组成的碳原子簇结构分子 C_{60}。为此，克罗托博士获得 1996 年度诺贝尔化学奖。

讨 论

金刚石、石墨、C_{60}都是由碳元素构成的,但是它们的性质截然不同,为什么会有这么大的差别呢? 通过分析它们的微观结构,从碳原子排列方式及粒子间的相互作用的不同,可以找到其中的原因。观察这几种单质的微观结构(见图 6-2),并填写表 6-1。

金刚石的结构模型

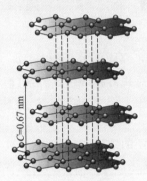
石墨的结构模型

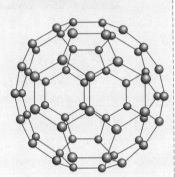
C_{60}的结构模型

图 6-2　金刚石、石墨、C_{60}的结构模型

表 6-1　金刚石、石墨、C_{60}的结构与性质比较

单质		石墨	金刚石	C_{60}
碳原子排列成的形状		六边形		
空间延伸方向		单层延伸		
碳原子间作用力		层内碳原子相互作用力强,层间较弱		
物理性质推测与比较	熔点			
	导电性			
	硬度			

二、碳的化合物

1. CO_2与温室效应

花房具有让阳光进入、阻止热量外逸的功能,人们称之为"温室效应"。在地球大气中的二氧化碳、甲烷、氧化亚氮等微量气体,可以让太阳短波辐射自由通过(吸收极少),而对地表的长波辐射有强烈的吸收作用,使大气的温度升高,故称为温室效应。这些气体都称为温室气体。大气中少量的温室气体的存在和适当的温室效应对人类是

有益的,如果没有二氧化碳,地表温度可能是−20 ℃左右,而不是现在的年平均15 ℃。但是二氧化碳含量逐渐增加会给人类生存环境带来灾难。

为什么大气中的二氧化碳含量会逐渐上升? 自然界中各物质通过循环达到平衡,从而形成了一个完整的系统。碳的循环是其中的重要组成部分,而它主要是通过二氧化碳来进行的。碳的循环可分为三种形式。

第一种形式是植物经光合作用将大气中的二氧化碳和水化合生成糖类,在植物呼吸中又以二氧化碳返回大气中被植物再度利用。

第二种形式是植物被动物采食后,糖类被动物吸收,在体内氧化生成二氧化碳,并通过动物呼吸释放回大气中又可被植物利用。

第三种形式是煤、石油和天然气等燃烧时,生成二氧化碳,它返回大气中后重新进入生态系统的碳循环。

人类的生产活动,如工业发展忽视环境问题、人口增加、城市过度建设、森林砍伐等因素,导致碳循环失衡,二氧化碳的含量不断升高。温室气体的增加使地球温度上升,将会带来一系列环境灾难,如海平面上升,导致陆地淹没;地球上病虫害增加;气候反常,海洋风暴增多;土地沙漠化面积增大等。

近年来各国政府对温室效应关注度大大提高,并着手减少二氧化碳等温室气体的排放,如研究提高能源利用率、开发新型洁净能源;大量植树造林等。1997 年,各国政府签署了《京都议定书》,这是一份由各国家承诺减少二氧化碳排放的国际减排协议,可见温室气体的减排已是全世界共同关注的问题。

2. 碳酸盐和碳酸氢盐

像 Na_2CO_3 这样含有 CO_3^{2-} 的盐称为碳酸盐;像 $NaHCO_3$ 这样含有 HCO_3^- 的盐称为碳酸氢盐。有关碳酸和碳酸氢盐知识可参见第三章相关内容。

三、硅及其化合物

我们生存的地球,坚硬的地壳是由什么构成的? 从图 6-3 可以看出硅和氧是地壳所有元素中含量最高的两种,实际上硅的氧化物及硅酸盐占地壳质量的 90% 以上。日常生活中各种电子产品、耐高温的医疗用品、硅树脂、建筑用的水泥、玻璃、饮食用的瓷碗、水杯等,它们看上去那么不同,但主要成分都是硅或其化合物。硅及硅的化合物广泛应用于半导体、计算机、建筑、通信、宇航、卫星等材料科学和信息技术等领域,发展前景十分广阔。

1. 硅

单质硅有晶体硅(图 6-4)和无定形硅(非晶硅)两种。晶体硅具有与金刚石相同的结构,是灰黑色、有金属光泽、硬而脆的固体,密度 $2.42×10^3 kg·m^{-3}$,熔点 1 410 ℃,沸点 2 355 ℃。无定形硅是一种灰黑色的粉末。硅位于元素周期表中的金属和非金属的分界处,导电性介于导体和绝缘体之间。

我们知道,碳在常温下化学性质很稳定,高温时能与氧气等物质反应。硅作为碳的同族元素,它的化学性质会怎样呢?

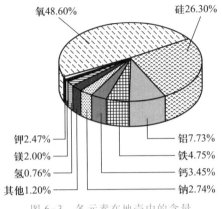

氧48.60%
硅26.30%
钾2.47%
镁2.00%
氢0.76%
其他1.20%
铝7.73%
铁4.75%
钙3.45%
钠2.74%

图 6-3　各元素在地壳中的含量

图 6-4　晶体硅单质

在常温下,硅的化学性质不活泼,只能与氟气(F₂)、氢氟酸(HF)和强碱等有限的几种物质反应,不易与其他物质如氢气、氧气、氯气、硫酸、硝酸等反应。

$$Si+2F_2 \Equal SiF_4$$

$$Si+4HF \Equal SiF_4+2H_2$$

$$Si+2NaOH+H_2O \Equal Na_2SiO_3+2H_2\uparrow$$

在加热或高温条件下,硅能与某些非金属单质如氧、氯、碳等发生反应。例如,加热时研细的硅能在氧气中燃烧,生成二氧化硅并放出大量的热。

$$Si+O_2 \xrightarrow{点燃} SiO_2$$

自然界中,硅只以化合态存在,主要是二氧化硅和硅酸盐。工业上,采用焦炭在电炉中还原石英砂得到含有少量杂质的粗硅。

$$SiO_2+2C \xrightarrow{3\,000\,℃} Si+2CO$$

将粗硅提纯后,可以得到用作半导体材料的高纯硅。

硅作为半导体,广泛应用于计算机领域(见图6-5),如晶体管、集成电路、硅整流器等半导体器件,还可用于制造太阳能电池等。有机硅化合物耐高温、耐腐蚀、有弹性,是特殊的润滑和密封材料,用于尖端科学和国防工业。硅合金的用途也很广,例如含硅4%的钢具有良好的导磁性,可以用来做变压器的铁芯等。

图 6-5　用硅制成的半导体元件和加入了硅的耐酸碱、耐腐蚀的橡胶

2. 二氧化硅

二氧化硅又称为硅石,广泛存在于自然界中,与其他矿物共同构成了岩石,是一种硬

度大、熔点高的难溶于水的固体。它以晶体和无定形两种形态存在。比较纯净的晶体叫作石英，普通黄沙是细小的石英颗粒，由于含铁的氧化物而带黄色。无色透明的纯石英又叫作水晶，含微量杂质的石英依颜色的不同，分别称为紫水晶、墨晶、茶晶、玛瑙等(图 6-6)。

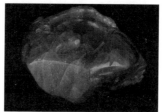

图 6-6　水晶和玛瑙

硅藻土含无定形的二氧化硅，它是死去的硅藻及其他微生物遗体经沉积胶结而形成的多孔、质轻、松软的固体物质，比表面积大，吸附能力强，可以用作吸附剂、催化剂载体和绝热隔音的建筑材料等。

二氧化硅的化学性质不活泼，它是一种酸性氧化物，但不能与水反应生成相应的硅酸。常温下能与强碱溶液缓慢反应，高温时和碱性氧化物及一些盐类反应，均生成硅酸盐。

$$SiO_2 + 2NaOH === Na_2SiO_3 + H_2O$$

$$SiO_2 + CaO \xrightarrow{\text{高温}} CaSiO_3$$

$$SiO_2 + CaCO_3 \xrightarrow{\text{高温}} CaSiO_3 + CO_2\uparrow$$

常温下二氧化硅能与氢氟酸反应，此反应常用来刻蚀玻璃。

$$SiO_2 + 4HF === SiF_4\uparrow + 2H_2O$$

二氧化硅用途广泛，水晶可用于制造电子工业的重要部件、光学仪器、石英钟表、高级工艺品等。用它制成的石英玻璃可用于耐高温的化学仪器、医用石英灯等。它是高性能的现代通信材料——光导纤维的重要原料，也是传统无机非金属材料玻璃、水泥、陶瓷的重要原料。

课外阅读

石墨烯和碳纳米管

石墨烯、碳纳米管的微观结构模型如图 6-7 所示。

石墨烯是已知材料中最薄的一种。石墨是由一层层以蜂窝状有序排列的平面碳原子堆叠而形成的，石墨片剥成单层就是石墨烯。其厚度只有 0.34 nm，把 2 000 片薄膜叠加到一起，也只有一根头发丝那么厚。石墨烯的强度比世界上最好的钢铁还高 100 倍，同时可以像橡胶一样进行拉伸。石墨烯具有优秀的导电性，远远超过了电子在金属导体或半导体中的移动速度，同时导热性也超过现有一切已知物质。石墨烯的优良特性使其具有广泛的应用前景，如可以开发制造出纸片般薄的超轻型飞机材料，可以制造出超坚韧的防弹衣，能替代硅生产未来的超级计算机，以及用于太阳能电池和液晶显示

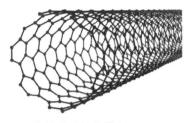

图 6-7 石墨烯、碳纳米管的微观结构模型

屏等。

1991 年,日本 NEC 公司基础研究实验室的电子显微镜专家饭岛(Iijima)在高分辨透射电子显微镜下检验石墨电弧设备中产生的球状碳分子时,意外发现了由管状的同轴纳米管组成的碳分子,这就是现在被称为"carbon nanotube(CNTs)"的碳纳米管,又名巴基管。碳纳米管主要由呈六边形排列的碳原子构成几层到几十层的同轴圆管。由于其独特的结构,碳纳米管的研究具有重大的理论意义和潜在的应用价值。它有望用作坚韧的碳纤维,其强度为钢的 100 倍,质量则只有钢的 1/6。同时,它还有望作为分子导线、纳米半导体材料、催化剂载体、分子吸收剂和近场发射材料等。以碳纳米管为材料的显示器很薄,可以像招贴画那样挂在墙上。科学家预测碳纳米管将成为 21 世纪最有前途的纳米材料。

选自 http://www.sciencenet.cn

溶洞的形成

当石灰岩层中的 $CaCO_3$ 遇到溶有 CO_2 的水时就会变成微溶性的碳酸氢钙 $Ca(HCO_3)_2$ 随水流动。溶有 $Ca(HCO_3)_2$ 的水如果受热或遇压强突然变小时,溶在水中的碳酸氢钙就会分解成碳酸钙沉积下来,同时放出二氧化碳。

$$CaCO_3 + CO_2 + H_2O = Ca(HCO_3)_2$$
$$Ca(HCO_3)_2 = CaCO_3 + CO_2\uparrow + H_2O$$

石灰岩层各部分含石灰质多少不同,被侵蚀的程度不同,会逐渐被溶解分割成互不相依、千姿百态、陡峭秀丽的山峰和奇异景观的溶洞(图 6-8)。如闻名于世的桂林溶洞、北京石花洞,就是水和二氧化碳缓慢侵蚀而创造出的杰作。

图 6-8 溶洞

当溶有碳酸氢钙的水从溶洞顶滴到洞底时,由于水分蒸发、压强减小或温度变化,都会使碳酸氢钙溶解度减小而析出碳酸钙沉淀。这些沉淀经过千百万年的积聚,渐渐形成了钟乳石、石笋等。洞顶的钟乳石与地面的石笋连接起来了,就会形成奇特的石柱。这种现象在南斯拉夫亚德里亚海岸的喀斯特高原上最为典型,所以常把石灰岩地区的这种地形笼统地称为喀斯特地形。

选自卢琦.科学·化学.长沙:湖南科学技术出版社,2007.

思考与练习

一、填空题

绿色植物可以通过_____作用吸收 CO_2,可以通过_____作用将 CO_2 释放到大气中。

二、选择题

1. 石墨炸弹爆炸时能在方圆几百千米范围内撒下大量石墨纤维,使输电线、电厂设备受到损坏,这是由于石墨( )。

A. 有放射性　　　B. 易燃、易爆　　　C. 能导电　　　D. 有剧毒

2. 下列各组物质中,不互为同素异形体的是( )。

A. 金刚石和石墨　　　　　　　B. O_3 和 O_2

C. ^{12}C 和 ^{13}C　　　　　　　D. 红磷和白磷

3. 1996 年,诺贝尔化学奖授予对发现 C_{60} 有重大贡献的三位科学家,现在 C_{70} 也已制得。对 C_{60} 和 C_{70} 这两种物质的叙述错误的是( )。

A. 它们是两种新型的化合物　　　B. 它们是碳元素的单质

C. 它们都是由分子构成的　　　　D. 它们的相对分子质量之差为 120

4. 下列说法正确的是( )。

A. 自然界中存在大量的单质硅

B. 石英、水晶、硅石的主要成分都是二氧化硅

C. 二氧化硅的化学性质活泼,能与酸、碱发生化学反应

D. 自然界中二氧化硅都存在于石英矿中

5. 二氧化硅不具有的性质是( )。

A. 常温下与水反应生成酸　　　　B. 常温下能与苛性钠反应

C. 高温时能与氧化钙反应　　　　D. 常温时能与氢氟酸反应

三、问答题

1. 写出下列化学方程式,并指出哪些是氧化还原反应。

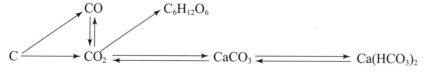

2. 工业上,硅是在电炉中用炭粉还原二氧化硅制得的,若往电炉中加入 60 g 二氧

化硅和适量的炭粉的混合物,通电,使它们发生如下反应:

$$SiO_2 + 2C \xrightarrow{\text{高温}} Si + 2CO\uparrow$$

则生成物的质量各是多少? 生成的一氧化碳在标准状况下的体积是多少?

第二节　氮及其化合物

　　氮是地球上极为丰富的一种元素。氮的单质通常以双原子分子存在于大气中,约占空气总体积的78%。氮还以化合态形式存在于很多无机物和有机物中,如各种铵盐、硝酸盐。氮是生命的基础物质——蛋白质和核酸不可缺少的组成元素。氮气还是合成氨、生产氮肥和硝酸的重要工业原料。因此,氮对人类生存至关重要。

一、氮的循环

　　纯净的氮气是一种无色、无味的气体,密度比空气稍小,难溶于水,难液化。通常情况下氮气的化学性质不活泼,很难和其他物质化合。但是在特定条件下,氮又可以和O_2、H_2等发生化学反应,从而在大自然中不断地循环(图6-9)。

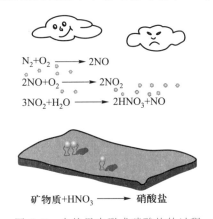

图 6-9　自然界中形成硝酸盐的过程

　　氮是蛋白质的重要组成部分,动植物生长都需要吸收含氮的养料,但多数生物并不能直接吸收氮气,只能吸收含氮的化合物。因此,只有把空气中的氮气转变成含氮的化合物,才能作为生物的养料。这种将游离态氮固定为化合态氮的过程叫作氮的固定。

　　氮的固定主要有三种途径(图6-10)。

　　第一种途径是在放电的条件下,空气中的氮气和氧气可以直接化合生成无色无味的一氧化氮,它不溶于水、不稳定,在常温下很容易与氧气形成二氧化氮。二氧化氮是一种红棕色、有刺激性气味的剧毒气体,易溶于水,并与水反应生成硝酸和一氧化氮。硝酸随雨水淋洒到地上,同土壤里的矿物质化合,生成能被植物吸收的硝酸盐。在雷雨天,大气中常有 NO 产生,经过一系列反应最终变为硝酸盐被植物吸收,"雷雨发庄稼"说的就是这个道理。

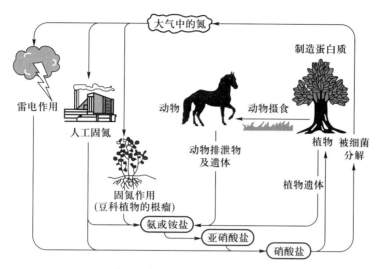

图 6-10　自然界中氮的循环

第二种途径主要是依靠植物的根瘤菌吸收空气中的氮气,直接合成氮的化合物,供植物吸收并变成蛋白质。植物一部分自行腐烂分解变成氮气又回到大气中,一部分供动物食用,变成动物体内的蛋白质,动物新陈代谢或者死亡后腐烂分解出氮气又回到大气中。

第三种途径是人工固氮。工业上利用氮气来合成氨,并由此制造硝酸或其他铵盐。在高温高压有催化剂存在的条件下,N_2 与 H_2 可以直接化合,生成氨气(NH_3),并放出热量。同时 NH_3 也会分解成 N_2 和 H_2。像这种在同一条件下,既能向生成物方向进行(通常叫作正反应),同时又能向反应物方向进行(通常叫作逆反应)的反应,叫作可逆反应。

$$N_2 + 3H_2 \underset{\text{催化剂}}{\overset{\text{高温、高压}}{\rightleftharpoons}} 2NH_3$$

人工固氮消耗大量能量而且产量有限。据估算,全世界化学工业每年的固氮量只有生物固氮的 2.5% 左右[①]。人们长期以来盼望能用化学方法模拟生物固氮,实现在温和条件下固氮,这是当前一个重要的科学研究课题。

氮元素不断地在大气、动植物间进行循环,因而空气中氮气组成比例得以维持基本不变。

氮气在工业上主要用于合成氨、制造硝酸等,而氨和硝酸等是制造氮肥、炸药的原料。氮气还可用来代替稀有气体作为焊接金属的保护气,也可以用来填充灯泡以防止钨丝被氧化或挥发。粮食、罐头、水果等食品,也常用氮气作保护气,以防止腐烂。可用液氮作冷冻剂,在冷冻麻醉条件下做手术等。在高科技领域用液氮制造低温环境,如有些超导材料就是在液氮低温下获得超导性能的。

---

①　王秀芳.无机化学.北京:化学工业出版社,2005.

二、氨

在自然界中,氨主要来源于生物体内蛋白质的腐败分解,工业生产中氨气由氮气和氢气为原料合成。德国化学家弗里兹·哈伯经过长时间的探索,于1913年实现合成氨的工业化生产。1918年,弗里兹·哈伯因此获得诺贝尔化学奖。

1. 氨的物理性质

氨是没有颜色、具有刺激性气味的气体。氨很容易液化,在常压下冷却到-33.35 ℃或在常温下加压到$7 \times 10^5 \sim 8 \times 10^5$ Pa,气态氨就凝结为无色的液体,同时放出大量的热。反之,液态氨汽化时要吸收大量的热,能使它周围物质的温度急剧降低,因此,氨常用作制冷剂。

【实验6-1】　在干燥的圆底烧瓶中充满氨气,用带有玻璃管和滴管(滴管中预先吸入水)的塞子塞紧瓶口。立即倒置烧瓶,使玻璃管插入盛有水的烧杯中(水中事先加入少量酚酞溶液),按图6-11所示安装好装置。打开橡胶管上的夹子,挤压滴管的胶头,使少量水进入烧瓶。观察现象。

可以看到,烧杯中的水即由玻璃管喷入烧瓶,形成美丽的喷泉,烧瓶内液体呈红色。由此可知,氨极易溶解于水。在常温常压下,1体积水约溶解700体积氨。氨的水溶液叫作氨水。烧瓶中喷泉呈红色,说明氨气能与水反应生成碱性物质。

2. 氨的化学性质

（1）氨与水的反应

氨溶于水后,大部分与水结合成一水合氨($NH_3 \cdot H_2O$),$NH_3 \cdot H_2O$可以小部分电离成NH_4^+和OH^-,所以氨水显弱碱性,能使酚酞溶液变红色。氨在水中的反应可用下式表示:

$$NH_3 + H_2O \rightleftharpoons NH_3 \cdot H_2O \rightleftharpoons NH_4^+ + OH^-$$

一水合氨很不稳定,受热就会分解而生成氨和水,所以浓氨水有挥发性。

$$NH_3 \cdot H_2O \overset{\triangle}{=\!=\!=} NH_3 + H_2O$$

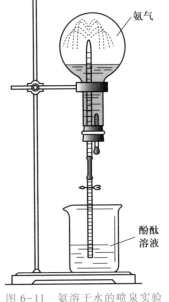

图6-11　氨溶于水的喷泉实验

（2）氨与酸的反应

【实验6-2】　用两根玻璃棒分别在浓氨水和浓盐酸中蘸一下,然后让这两根玻璃棒接近(不要接触)。观察发生的现象。

当两根玻璃棒接近时,产生大量的白烟,这是氨水中挥发出的氨与浓盐酸挥发出的氯化氢化合所生成的微小的氯化铵晶体。

$$NH_3 + HCl =\!=\!= NH_4Cl$$

氨同样能与其他酸化合生成相应的铵盐。

（3）氨与氧气的反应

在催化剂（如铂、氧化铁等）存在的情况下，氨与氧气发生如下反应：

$$4NH_3+5O_2\xrightarrow[\triangle]{\text{催化剂}}4NO+6H_2O$$

这个反应叫作氨的催化氧化（或叫作接触氧化），是工业上制硝酸的基础。

3. 氨的实验室制法

氨的实验室制法如图 6-12 所示。

图 6-12 氨的实验室制法

讨 论

参照实验室制取氨所用的原理图和实物图，填写表 6-2。

表 6-2 实验室制取氨气

实验室制取氨气用的原料		
氨气产生的方法		
氨气收集的方法		
对收集氨气的试管进行验满的方法		
反应的化学方程式		
实验中应注意的问题及原因	1. 产生氨气的试管口的朝向	
	2. 棉花的作用	
	3.	
	4.	

氨是工业上常用的制冷剂。氨与硝酸、硫酸、二氧化碳化合可生成多种多样的化肥——硝酸铵、硫酸铵、碳酸氢铵和尿素，供应农业生产。氨还可以制成工业上的重要原料——硝酸，同时也是合成纤维、塑料、染料、尿素等有机合成工业的常用原料。

三、硝酸

1. 硝酸的物理性质

纯硝酸是无色、易挥发、有刺激性气味的液体，它能以任意比溶解于水。常用的浓硝酸质量分数大约是 69%。98% 以上的浓硝酸通常称为发烟硝酸。这是因为浓硝酸挥发出的硝酸蒸气遇到空气中的水蒸气，能生成极微小的硝酸液滴的缘故。

2. 硝酸的化学性质

硝酸是常用的三大强酸之一，具有酸的通性，此外，还有其自身的特性。

（1）硝酸的不稳定性

我们在实验室里看到的硝酸大多呈黄色，是由于硝酸分解产生的 NO_2 溶于硝酸的缘故。纯净的硝酸或浓硝酸在常温下见光或受热就会分解：

$$4HNO_3 \xrightarrow{\triangle} 4NO_2 + O_2 + 2H_2O$$

硝酸越浓，温度越高，就越容易分解。为了防止硝酸分解，应该把它放在棕色瓶中，存放于黑暗低温的地方。

（2）硝酸的强氧化性

硝酸是一种很强的氧化剂，无论稀硝酸还是浓硝酸都有氧化性。

【实验 6-3】 在放有铜片的 2 支试管中，分别加入少量浓硝酸和稀硝酸，观察现象。

可以看到，浓硝酸和稀硝酸都能与铜起反应。浓硝酸与铜反应剧烈，有红棕色的气体产生，溶液变绿色；稀硝酸和铜反应较缓慢，有无色气体产生，并在试管口变为红棕色，这是产生了 NO 的缘故（见图 6-13）。

$$Cu + 4HNO_3(浓) = Cu(NO_3)_2 + 2NO_2 \uparrow + 2H_2O$$
$$3Cu + 8HNO_3(稀) = 3Cu(NO_3)_2 + 2NO \uparrow + 4H_2O$$

硝酸与铜反应时，主要是 +5 价的氮得电子被还原，而不是 H^+ 得电子，因此并不像盐酸和稀硫酸与较活泼的金属起反应那样放出氢气。这表现出了硝酸的强氧化性，除金、铂等少数金属之外[①]，它能与所有金属反应，但都不放出氢气。

应注意铁、铝、铬、镍等在冷的浓硝酸中会在表面生成一薄层致密的氧化物保护膜，阻止内部金属继续与硝酸起反应，从而发生"钝化"现象。所以常温下可以用铝槽车装运浓硝酸。

硝酸还能使许多非金属（如碳、硫、磷）及某些有机物（如松节油、锯末等）氧化（见图 6-14）。例如：

$$4HNO_3 + C = 2H_2O + 4NO_2 \uparrow + CO_2 \uparrow$$

硝酸的强氧化性对皮肤、衣物、纸张等都有腐蚀作用。若不慎将浓硝酸弄到皮肤上，应立即用大量水冲洗，再用小苏打水或肥皂水洗涤。

---

① Au 和 Pt 虽然不能溶解于硝酸，但能溶于浓 HNO_3 与浓 HCl 体积比为 1∶3 混合而成的物质——王水。
$$Au + HNO_3 + 4HCl = HAuCl_4 + NO \uparrow + 2H_2O$$

 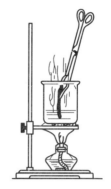

图 6-13 铜与稀硝酸、浓硝酸的反应　　　　图 6-14 碳在发烟硝酸中燃烧

3. 硝酸的工业制法

现代工业利用氨的催化氧化法来制取硝酸。这一过程分为氨氧化生成一氧化氮和一氧化氮氧化生成二氧化氮,二氧化氮被水(或稀硝酸)吸收而生成硝酸两个部分。

$$4NH_3+5O_2 \xrightarrow{\text{催化剂}} 4NO+6H_2O$$

$$2NO+O_2 =\!=\!= 2NO_2$$

$$3NO_2+H_2O =\!=\!= 2HNO_3+NO$$

课外阅读

铵　盐

像 NH_4Cl 这样由铵离子(NH_4^+)和酸根离子组成的化合物,叫作铵盐。铵盐可由氨与酸作用生成。铵盐都是晶体,易溶于水,它们具有共同的化学性质。

1. 受热易分解,放出氨气,冷却时它们又能重新结合生成铵盐。

$$NH_4Cl \xrightarrow{\triangle} NH_3\uparrow +HCl\uparrow$$

$$NH_4HCO_3 \xrightarrow{\triangle} NH_3\uparrow +H_2O+CO_2\uparrow$$

铵盐受热易分解,因此储存氮肥时,应密封保存并放在阴凉通风处。施肥时应埋在土下并及时灌水,以保证肥效,并且不能与草木灰等碱性物质一起施放。

2. 铵盐能与碱起反应放出氨气。

$$(NH_4)_2SO_4+2NaOH \xrightarrow{\triangle} Na_2SO_4+2NH_3\uparrow +2H_2O$$

这是铵盐的通性,实验室里就是利用这样的反应来制取氨,也可以用来检验铵离子的存在。

铵盐在工农业生产上有着重要的用途。大量的铵盐用作氮肥,硝酸铵还用来制作炸药。氯化铵常用作印染和制干电池的原料,它也用在金属的焊接上,以除去金属表面上的氧化物薄层。

硝酸盐、亚硝酸盐

硝酸盐用途很广。硝酸钾、硝酸钠、亚硝酸钾、亚硝酸钠常用于钢铁制件表面氧化处理(发蓝)。硝酸钾、硝酸钠还用于制造火药、烟花等。硝酸铈用于光学玻璃、原子能、电子工业等。硝酸银用于制照相乳胶剂、镀银、制镜等。

多数硝酸盐是无色晶体。所有的硝酸盐都极易溶于水。硝酸盐性质不稳定,加热易分解放出氧气,所以在高温时硝酸盐是强氧化剂。由于其分解时放出氧气,所以不可将硝酸盐与易燃物质混合存放,否则在受热时会猛烈燃烧甚至爆炸。硝酸盐受热分解的产物和成盐金属的活动性顺序有关,其中最活泼的金属(金属活动性顺序表中镁以前的活泼金属)的硝酸盐仅放出一部分氧而变成亚硝酸盐。

$$2NaNO_3 \xrightarrow{\triangle} 2NaNO_2 + O_2\uparrow$$

亚硝酸钠是一种无色或淡黄色晶体,外观与味道类似于食盐,是一种工业用盐,有很大的毒性。如果误食亚硝酸钠或含有过量亚硝酸钠的食物就会中毒,表现为口唇、指甲、皮肤发紫,头晕、呕吐、腹泻等症状,严重时可使人因缺氧而死亡。

亚硝酸盐(如 $NaNO_2$、KNO_2 等)用于印染、漂白等行业,还广泛用作防锈剂,也是建筑上常用的一种混凝土掺加剂。在一些食品中,加入少量亚硝酸盐作为防腐剂和增色剂,能起到防腐且使肉类色泽鲜艳的作用。国家对食品中亚硝酸盐的含量有严格限制,因为亚硝酸盐进入血液后,会把亚铁血红蛋白氧化为高铁血红蛋白,使血液失去携氧功能,而造成组织缺氧,并且它还是一种潜在的致癌物质(在人体内可能生成强致癌物亚硝胺),过量或长期食用对人体会造成危害。

腐烂的蔬菜中就含有亚硝酸钠,不能食用。长时间加热沸腾或反复加热沸腾的水,部分水分蒸发,水中硝酸盐含量增大,饮用后部分硝酸盐在人体内能被还原成亚硝酸盐,对人体也会造成危害。

选自施华,等.化学(高中分册).上海:华东师范大学出版社,2008.

思考与练习

一、填空题

1. 下列事实各说明了硝酸的什么性质?

事实	性质
打开盛有浓硝酸的试剂瓶塞,有白雾冒出	
稀硝酸能使紫色石蕊试液变红	
久置的浓硝酸呈黄色	
浓硝酸能与铜等不活泼金属反应,又能用铝槽车装运	

2. 试用化学方程式表示雷雨中含有微量硝酸的原因。

_____、_____、_____。

二、选择题

1. 浓硝酸常呈黄色的原因是(　　)。

A. 浓硝酸中混有 AgI

B. 浓硝酸中混有 Fe^{3+}

C. 浓硝酸易分解产生 NO_2

D. 浓硝酸易氧化单质硫

2. 氮气通常用作焊接金属的保护气,填充灯泡,这是因为(　　)。

A. 氮的化学性质稳定

B. 氮分子是双原子分子

C. 氮气的密度接近空气密度

D. 氮气可与氧气反应

3. 在 NO_2 与水的反应中,NO_2 的作用是(　　)。

A. 氧化剂

B. 还原剂

C. 既是氧化剂又是还原剂

D. 不是氧化剂也不是还原剂

4. 下列关于氨的叙述错误的是(　　)。

A. 氨易液化,因此可以用作制冷剂

B. 氨易溶解于水,因此可用来做喷泉实验

C. 氨极易溶解于水,因此氨水比较稳定,不易分解

D. 氨溶解于水显弱碱性,因此可使酚酞变为红色

5. 下列不属于铵盐的共有性质的是(　　)。

A. 都是晶体

B. 都能溶于水

C. 常温时易分解

D. 都能跟碱起反应放出氨气

三、写出下列转化的化学方程式,如果是氧化还原反应,请指出氧化剂和还原剂

$$N_2 \longrightarrow NH_3 \longrightarrow NO \longrightarrow NO_2 \Longrightarrow HNO_3$$

第三节　硫及其化合物

硫很早就为人类所利用,我国古代四大发明之一的黑火药就是用硫粉、木炭粉和硝酸钾按一定比例混合而成的。硫位于周期表中ⅥA族,其性质跟我们已经学过的氧很相似,氧(O)、硫(S)、硒(Se)、碲(Te)、钋(Po)这五种元素统称为氧族元素。在这一节我们主要学习硫及其重要化合物的知识。

自然界中有游离态的天然硫,火山喷发就会有大量的硫产生。以化合态存在的硫包括硫化物和硫酸盐两大类。主要的硫矿有黄铁矿(FeS_2)、黄铜矿($CuFeS_2$)、闪锌矿(ZnS)、石膏($CaSO_4 \cdot 2H_2O$)、重晶石($BaSO_4$)和芒硝($Na_2SO_4 \cdot 10H_2O$)。硫的化合物也常存在于火山喷出的气体中和矿泉水中。天然煤和石油中也含有少量硫。硫还是某些蛋白质的组成元素,是生物生长所必需的元素。

一、硫及其氧化物

1. 硫

硫单质俗称硫黄,通常状况下为黄色或淡黄色的晶体。硫很脆,容易研成粉末,不溶于水,微溶于酒精,易溶于二硫化碳(CS_2)。

【实验 6-4】 将约 5 g 研细的硫粉和 5 g 铁粉混合均匀,装入试管中。轻轻振荡试管,使混合物粉末紧密接触,并铺平成为一薄层。然后把试管固定在铁架台上,试管口略向下倾斜(见图 6-15)。加热试管底部至红热后,移开酒精灯,观察发生的现象。

图 6-15　硫粉与铁粉的反应

可以看到,硫粉和铁粉的混合物加热后能发生反应,放出的热量能使反应继续进行,生成黑色的硫化亚铁。硫跟氧类似,化学性质比较活泼,能跟除金、铂以外的金属直接化合,生成金属硫化物。在硫化物中,硫的化合价通常是-2 价。

$$Fe+S \xrightarrow{\triangle} FeS$$

$$2Al+3S \xrightarrow{\triangle} Al_2S_3$$

硫也能跟一些非金属如氧、氢等反应,如硫蒸气能和氢气直接化合生成硫化氢:

$$S+H_2 \xrightarrow{\triangle} H_2S$$

硫化氢是无色、有臭鸡蛋气味的气体,性质不稳定,易分解。密度比空气略大,有剧毒,是一种大气污染物。空气中如果含有微量的硫化氢,就会引起头痛、眩晕,吸入较多量时,会引起中毒昏迷,甚至死亡。

硫的用途广泛,可用来制造硫酸,生产橡胶制品,还可以用来制造黑火药、焰火;在农业上硫可作为杀虫剂(如石灰硫黄合剂)的原料;医疗上还可以用于制造硫黄软膏医治某些皮肤病等。

2. 二氧化硫、三氧化硫

硫的氧化物主要是二氧化硫,它是制取硫酸的中间产物。硫在氧气中燃烧,形成蓝色火焰,产生二氧化硫。工业上主要用燃烧硫铁矿来制取二氧化硫。

$$S+O_2 \xrightarrow{点燃} SO_2$$

$$4FeS_2+11O_2 \xrightarrow{燃烧} 8SO_2\uparrow +2Fe_2O_3$$

【实验 6-5】 将集满 SO_2 的试管倒插入水槽中,轻轻振荡并观察现象。将试管取出,滴入紫色石蕊试剂,观察现象(见图 6-16)。

二氧化硫是一种无色、有刺激性气味的有毒气体,对黏膜有强烈的刺激作用,能使人嗓子变哑,呼吸困难甚至失去知觉。其沸点是-10 ℃,熔点是-75.5 ℃,容易液化。

图 6-16　二氧化硫溶于水

二氧化硫易溶于水,常温常压下 1 体积水大约能溶解 40 体积二氧化硫。

二氧化硫是酸性氧化物,具有酸性氧化物的通性。与水化合时生成亚硫酸(H_2SO_3)。亚硫酸只能存在于溶液中,它很不稳定,容易分解成水和二氧化硫。

$$SO_2 + H_2O \rightleftharpoons H_2SO_3$$

二氧化硫在适当的温度并有催化剂(V_2O_5)存在的条件下,可以被氧气氧化而生成三氧化硫。三氧化硫也可以分解而生成二氧化硫和氧气。

$$2SO_2 + O_2 \underset{\triangle}{\overset{催化剂}{\rightleftharpoons}} 2SO_3$$

三氧化硫是一种无色、易挥发的晶体,熔点是 16.8 ℃,沸点是 44.8 ℃。当它遇水时剧烈反应而生成硫酸,同时放出大量的热。

$$SO_3 + H_2O = H_2SO_4$$

【实验 6-6】　二氧化硫的漂白性

二氧化硫的漂白性实验如图 6-17 所示,实验现象填入表 6-3。

二氧化硫通入品红溶液　　品红溶液逐渐褪色　　加热已褪色的溶液　　加热褪色的品红溶液,溶液颜色恢复

图 6-17　二氧化硫的漂白性实验

表 6-3　二氧化硫的漂白性

实验操作	实验现象	原因
将二氧化硫持续通入品红溶液中		
将已褪色的品红溶液在酒精灯上加热		

上述现象可以说明二氧化硫具有漂白某些物质的性能,二氧化硫在水溶液中能与有色的物质生成无色的化合物。工业上常用二氧化硫作漂白剂来漂白不能用氯漂白的稻草、毛、丝等。纸浆是黄色的,需要用二氧化硫进行漂白,这样做成的纸才是白色的。日久以后漂白过的纸张等又逐渐恢复原来的颜色。这是因为有机色素与二氧化硫形成的无色物质不稳定,发生分解所致。此外,二氧化硫还用于杀菌、消毒等。

二、硫酸

纯净的硫酸是无色、黏稠、油状液体,难挥发,是高沸点(338 ℃)的强酸。常用浓硫酸的质量分数是 98%,密度为 $1.84×10^3$ kg·m^{-3}。

浓硫酸极易溶于水,同时放出大量热,因此,稀释浓硫酸时,千万不能把水倒入浓硫酸中,而要在搅拌下将浓硫酸缓缓地注入水中,使产生的热量迅速地扩散。稀硫酸具有一般酸的通性,但浓硫酸还有特殊性质。

浓硫酸很容易与水结合生成多种水合物,具有吸水性,所以常用作气体的干燥剂。

【实验 6-7】   在盛有蔗糖的小烧杯中,加入很少量的水,搅拌均匀,用滴管向其中滴入浓硫酸并搅拌,观察蔗糖颜色与形态的变化。

烧杯中的蔗糖会逐渐变黑,然后体积发生膨胀,形成疏松多孔的海绵状的炭。这是因为浓硫酸能按水的组成比脱去纸张、棉布、木材、皮肤等有机物中的氢和氧成分,使它们炭化而变黑,即具有强烈的"脱水性"(见图 6-18)。因此,浓硫酸有强烈的腐蚀性,使用时要注意安全。除此以外,浓硫酸还具有很强的氧化性。

图 6-18   浓硫酸的脱水性

【实验 6-8】   做浓硫酸的强氧化性实验(图 6-19)并填写表 6-4。

图 6-19   铜与浓硫酸的反应

表 6-4　浓硫酸的强氧化性

实验操作	实验现象	原因（化学方程式）
在试管中放入一块铜片,注入少量浓硫酸,给试管加热		
将所放出的气体通入品红溶液		
把试管中的溶液倒入盛着少量水的另一支试管中,使溶液稀释,观察溶液的颜色		

在这个反应中,浓硫酸氧化了铜,而本身被还原成二氧化硫。由此可知,浓硫酸与金属的反应不放出氢气,产物是金属的硫酸盐,一般还有水和二氧化硫。

加热时,浓硫酸还能跟碳、硫等一些非金属起氧化还原反应。如在蔗糖和浓硫酸的实验中的蔗糖被脱水炭化后,体积迅速膨胀,就是因为蔗糖脱水后形成的碳被氧化成二氧化碳,而硫酸被还原为二氧化硫,产生大量气体使其膨胀。

$$2H_2SO_4(浓) + C \xrightarrow{\triangle} 2SO_2\uparrow + CO_2\uparrow + 2H_2O$$

在常温下,浓硫酸跟某些金属如铁、铝等接触,也能够使金属表面"钝化"。因此,冷的浓硫酸可以用铁或铝的容器储存。

硫酸是化学工业中最重要的产品之一。在化学肥料工业上制取过磷酸钙等磷肥、硫酸铵等氮肥。在金属加工行业中用作清洗剂。制取其他的硫酸盐,如硫酸铜、硫酸亚铁等,制取各种挥发性酸等。硫酸还大量用于精炼石油,制造炸药、农药、染料等。

课外阅读

硫的氧化物和氮的氧化物对大气的污染

空气中的氮气与氧气在放电或高温的条件下可以直接化合生成一氧化氮,并继续与氧化合生成二氧化氮。煤、石油和某些金属矿物中含硫或硫的化合物,因此燃烧或冶炼时,往往会生成二氧化硫。在燃料燃烧产生的高温条件下,空气中的氮气往往也参与反应,这也是汽车尾气中含有 NO 的原因。

二氧化硫和二氧化氮都是有用的化工原料,但当它们分散在大气中时,就成了难以分解的污染物。它们能直接危害人体健康,引起呼吸道疾病,严重时会使人死亡。大气中的二氧化硫和二氧化氮溶于水后形成酸性溶液,随雨水降下,就可能成为酸雨。酸雨的 pH 小于 5.6。正常雨水由于溶解了二氧化碳,pH 为 5.6。酸雨有很大的危害,能直接破坏农作物、森林、草原,使土壤、湖泊酸化,还会加速建筑物、桥梁、工业设备、运输工具及电信电缆的腐蚀。

工业废气排放到大气中以前,必须回收处理,防止二氧化硫、二氧化氮等污染大气。汽车尾气中除含有氮氧化物外,还含有一氧化碳、未燃烧的碳氢化合物、含铅化合物(如使用含铅汽油)和颗粒物等,严重污染大气。汽车尾气的排放是否符合排放标准成为人们关心的热点话题之一。

选自卢琦.科学·化学.长沙:湖南科学技术出版社,2007.

空气质量指数

二氧化硫、氮氧化物、空气中的颗粒等都是大气污染物质。为了监测和控制大气的质量状况,就有了空气质量指数的诞生。

空气质量指数(air quality index,AQI)是许多国家评估环境空气质量状况的一种方式。它是将一系列复杂的空气质量监测数据,按照一定的计算处理方式,变为一种易于理解的指数,然后根据指数跟空气质量的标准进行对比,可以知道这些数据对应的空气质量等级。主要监测的数据包括二氧化硫(SO_2)、二氧化氮(NO_2)、颗粒物、一氧化碳(CO)和臭氧(O_3)等的平均浓度值。

如 AQI 值在 0~50 时,空气质量为优;AQI 值在 101~150 时属于轻度污染;AQI 值大于 300 时属于严重污染等。

选自中国环境网 http://www.cenews.com.cn

常见的硫酸盐

1. 硫酸钡

硫酸钡为白色粉末状物质,又叫作重晶石,可用作白色颜料。硫酸钡不溶于水,也不溶于酸,对人体生理功能扰乱小,且不易被 X 射线透过。医疗上常用它来做 X 射线透视肠胃的内服药剂,俗称"钡餐"。

2. 硫酸钙

$CaSO_4 \cdot 2H_2O$ 俗称石膏,白色固体。给石膏加热到 150~170 ℃ 时,石膏就失去大部分的结晶水而变成熟石膏($2CaSO_4 \cdot H_2O$)。熟石膏跟水混合成糊状物后很快凝固,重新变成石膏。人们利用这种性质,常用石膏来制作各种模型、石膏像;医疗上用它来做石膏绷带;水泥厂用石膏来调节水泥的硬化速率。

3. 硫酸铝钾

$KAl(SO_4)_2 \cdot 12H_2O$ 俗称明矾,无色晶体,有玻璃光泽。有抗菌、收敛作用等,可作中药;工业上用作净水剂、造纸填充剂、媒染剂等。

4. 硫酸锌

$ZnSO_4 \cdot 7H_2O$ 俗称锆矾,无色晶体。用于制造白色颜料(锌钡白,又名立德粉)。在铁路施工中用作枕木的防腐剂。还可做印染工业的媒染剂,医疗上用作收敛剂。

5. 硫酸钠

$NaSO_4 \cdot 10H_2O$ 俗称芒硝,无色晶体,有苦咸味,用于制造纸浆、玻璃、瓷釉、碱;医疗上用作泻药和钡盐中毒的解毒剂。

6. 硫酸亚铁

$FeSO_4 \cdot 7H_2O$ 俗称绿矾,淡蓝绿色晶体。工业上用作消毒剂、煤气净化剂、媒染剂,并用于制作墨水、颜料等;农业上用来防治农作物病菌性病害和作为除草剂;水产上用作水质消毒、净化、预防鱼病;医学上用来治疗贫血。

7. 硫酸铜

$CuSO_4 \cdot 5H_2O$ 俗称胆矾,蓝色晶体,加热失去结晶水呈白色粉末状。工业上用于镀铜、纺织品媒染剂,农业上用作杀虫剂。

选自李建成,曹大森.基础应用化学.北京:机械工业出版社,2000.

思考与练习

一、填空题

1. 通常情况下,单质硫是_____色_____体。它_____溶于水,_____溶于二硫化碳。

2. 二氧化硫是一种_____色_____气味的_____毒_____体,它与水反应生成_____,在相同的条件下,生成的_____又容易分解成_____和_____,这样的反应叫作_____。

3. 下列现象反映了硫酸的哪些性质?

(1) 把浓硫酸滴入放在蒸发皿里的蔗糖($C_{12}H_{22}O_{11}$)上,蔗糖就炭化变黑表现出_____。

(2) 把浓硫酸露置空气中,质量会增加,表现出_____。

(3) 把锌粒放入稀硫酸中,会产生氢气,表现出_____。

(4) 把铜片放入浓硫酸中并加热,会产生二氧化硫,表现出_____。

4. 现有气体 H_2、NH_3、H_2S、N_2、CH_4、O_2、Cl_2、HCl,可以用浓 H_2SO_4 作干燥剂的是_____。

二、选择题

1. 下列物质不能使品红溶液褪色的是( )。

A. SO_2 B. Cl_2 C. O_3 D. CO_2

2. 你认为减少酸雨产生可采取的措施是( )。

① 少用煤做燃料 ② 把工厂烟囱造高 ③ 燃料脱硫 ④ 在已酸化的土壤中加石灰 ⑤ 开发新能源

A. ①②③ B. ②③④⑤ C. ①③⑤ D. ①③④⑤

3. 下列关于浓硫酸叙述正确的是( )。

A. 浓硫酸具有吸水性,因而能使蔗糖炭化

B. 浓硫酸在常温下可迅速与铜片反应放出 SO_2 气体

C. 浓硫酸是一种干燥剂,能够干燥 NH_3、H_2 等气体

D. 浓硫酸在常温下能够使铁、铝等金属钝化

三、分析题

1. 某有色金属冶炼厂排放的废气中含有某物质,先用石灰浆液吸收,然后利用空气中的氧气将产物继续氧化成石膏。写出反应的两个化学方程式。

2. 写出下列转化的化学方程式,并指出哪些是氧化还原反应。

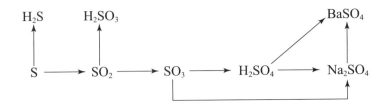

本章小结

一、碳和硅及其化合物

自然界中的碳元素有多种同素异形体,它们内部微观结构不同,具有完全不同的性质。

一氧化碳和二氧化碳是碳的主要氧化物。碳酸盐与碳酸氢盐在溶解度、与酸的反应速率、稳定性等方面具有差别并且可以相互转化。

晶体硅是一种有金属光泽的非金属材料,石英、水晶、硅藻土等的主要成分都是二氧化硅,它们的化学性质都不活泼。

二、氮及其化合物

1. 氮的性质不活泼,特定条件下能与氧、氢等反应。氮的主要氧化物有一氧化氮和二氧化氮。

2. 氨容易液化,并且极易溶于水。氨水具有弱碱性。氨与酸发生反应生成铵盐。氨经催化氧化生成一氧化氮。

3. 硝酸除具有酸的通性外,还具有以下特性:不稳定性和强氧化性。

三、硫及其化合物

1. 硫能和金属反应生成硫化物,也能与氢气和氧气发生反应。二氧化硫易溶于水,与水发生反应生成亚硫酸,经催化氧化生成三氧化硫。三氧化硫与水剧烈化合而生成硫酸。二氧化硫具有漂白性。

2. 稀硫酸具有酸的通性。浓硫酸的特性是吸水性、脱水性和氧化性。

复习题

一、选择题

1. 下列物质中可用来制备超导材料的是(　　　　)。

A. 金刚石　　　　　　B. 石墨　　　　　　C. C_{60}　　　　　　D. 活性炭

2. 下列物质不能发生反应的是(　　　　)。

A. SiO_2 和 CaO(高温)　　　　　　　　B. SiO_2 和 NaOH(常温)

C. SiO_2 和 C(高温)　　　　　　　　　　D. SiO_2 和浓 HNO_3(常温)

3. 都能用来进行喷泉实验的气体是(　　　　)。

A. HCl 和 CO_2　　　　　　　　　　　　B. NH_3 和 CH_4

C. SO_2 和 CO　　　　　　　　　　　　　D. NO_2 和 NH_3

4. 下列关于氨的叙述,错误的是(　　)。

A. 氨是一种制冷剂　　　　　　　　B. 氨在空气中可以燃烧

C. 氨极易溶于水　　　　　　　　　D. 氨水呈弱碱性

5. 下列不属于铵盐的共有性质的是(　　)。

A. 都是晶体　　　　　　　　　　　B. 都能溶于水

C. 常温时易分解　　　　　　　　　D. 都能与碱发生反应放出氨气

6. 下列关于 SO_2 和 Cl_2 两种气体的说法中,正确的是(　　)。

A. 在通常状况下,SO_2 比 Cl_2 易溶于水

B. SO_2 和 Cl_2 都是强氧化剂

C. SO_2 和 Cl_2 的漂白原理相同

D. SO_2 和 Cl_2 溶于水后都形成稳定的酸

7. 下列物质中,常温下能起反应产生气体的是(　　)。

A. 铁与浓硫酸　　　　　　　　　　B. 铝与浓硫酸

C. 铜与稀盐酸　　　　　　　　　　D. 铜与浓硫酸

8. 在常温下,下列物质可盛放在铁制容器或铝制容器中的是 (　　)。

A. 盐酸　　　　　B. 稀硫酸　　　　C. 浓硫酸　　　D. 硫酸铜溶液

9. 对下列事实的解释错误的是(　　)。

A. 在蔗糖中加入浓硫酸后出现发黑现象,说明浓硫酸具有脱水性

B. 浓硝酸在光照下颜色变黄,说明浓硝酸不稳定

C. 常温下浓硝酸可以用铝罐来储存,说明铝与浓硝酸不反应

D. 反应 $CuSO_4+H_2S \xrightarrow{\hspace{1cm}} CuS\downarrow+H_2SO_4$ 能进行,说明硫化铜既不溶于水,也不溶于稀硫酸

10. 向某溶液中加入 $BaCl_2$ 溶液,再加入稀硝酸,产生的白色沉淀不消失,下列叙述正确的是(　　)。

A. 溶液中一定含有 SO_4^{2-} 　　　　　B. 溶液中一定含有 Ag^+

C. 溶液中可能含有 SO_4^{2-} 　　　　　D. 溶液中可能含有 Ag^+ 或 SO_3^{2-}

11. 在酸性溶液中,下列离子能大量共存的是(　　)。

A. Fe^{2+}、NO_3^-、Cl^-、Na^+ 　　　　B. Na^+、Ba^{2+}、SO_4^{2-}、Cl^-

C. Na^+、Fe^{3+}、CO_3^{2-}、SO_4^{2-} 　　　D. Fe^{3+}、Na^+、Cl^-、SO_4^{2-}

12. 下列酸溶液不具有氧化性的是(　　)。

A. 浓盐酸　　　　B. 浓硝酸　　　　C. 浓硫酸　　　D. 稀硝酸

二、问答题

1. 下列事实各说明了硫酸的什么性质?

事实	性质
用玻璃棒蘸无色液体在白布上写字而变黑	
用浓硫酸去除氯化氢中混有的水蒸气	

续表

事实	性质
实验室中用稀硫酸和锌反应制取氢气	
浓硫酸和硫在加热条件下反应生成二氧化硫和水	
亚硫酸钠和硫酸反应生成硫酸钠、水和二氧化硫	
浓硫酸可使人毁容	
用铁制的容器盛装浓硫酸	

2. 有一无色混合气体,可能由 CO_2、HCl、NO、NO_2、NH_3、O_2 中的某几种混合而成,进行如下实验:

(1) 将混合气体通过浓硫酸时,气体体积明显减少;

(2) 再通过碱石灰时,气体体积又减少;

(3) 剩余的气体与空气接触,立即变成红棕色。

由上述实验判断,该混合气体中一定存在哪些气体? 一定不存在哪些气体?

3. 物质 A 为白色粉末,易溶于水。向 A 溶液中加入 $AgNO_3$ 溶液,产生白色沉淀,再加入稀硝酸,沉淀不溶解。另取少量 A 物质的溶液,加入 $NaOH$ 溶液,并加热,产生有刺激性气味的气体,该气体能使湿润的红色石蕊试纸变蓝。判断 A 是什么物质? 写出有关反应的化学方程式。

学生实验

浓硫酸的性质 硫酸根离子的检验

实验目的

1. 认识浓硫酸的特性,学习检验硫酸根离子的方法。

2. 练习吸收有害气体的实验操作,培养环保意识。

实验用品

仪器:试管、烧杯、量筒、酒精灯、玻璃棒、胶头滴管、带橡胶塞的玻璃管、铁架台、点滴板、滤纸、纸片、镊子、火柴、剪刀、脱脂棉

药品:铜片、$CuSO_4 \cdot 5H_2O$、$BaCl_2$ 溶液、Na_2SO_4 溶液、Na_2CO_3 溶液、浓硫酸、盐酸、品红试液

实验步骤

一、浓硫酸的特性

1. 浓硫酸的稀释

在 1 支试管中注入约 5 mL 蒸馏水,然后小心地沿试管壁倒入约 1 mL 浓硫酸。轻轻振荡后,用手小心触摸试管外壁。稀释后的稀硫酸留待做后面的实验时用。

2. 浓硫酸的脱水性和吸水性

在白色点滴板的孔穴中分别放入小纸片、火柴梗和少量 $CuSO_4 \cdot 5H_2O$。然后分别滴入几滴浓硫酸,观察现象。

3. 浓硫酸的氧化性

在 1 支试管中放入 1 小块铜片,再加入 2 mL 浓硫酸,然后把试管固定在铁架台上。把 1 小条蘸有品红试液的滤纸放入带有单孔橡胶塞的玻璃管中。塞紧试管,在玻璃管口处缠放一团蘸有碳酸钠溶液的棉花。如图 6-20 所示。给试管加热,观察现象。待试管中的液体逐渐透明时,停止加热。给玻璃管放有蘸过品红试液的滤纸处微微加热,观察现象。

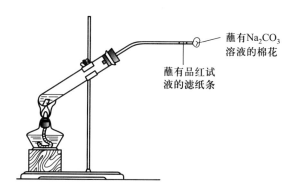

蘸有Na_2CO_3溶液的棉花

蘸有品红试液的滤纸条

图 6-20　浓硫酸的氧化性及反应多余气体的吸收

待试管中的液体冷却后,把上层液体倒入大量水中,并向试管中加入 3 mL 水。观察现象。解释现象发生的原因,写出浓硫酸与铜反应的化学方程式。

二、硫酸根离子的检验

取少量上面实验步骤 1 所得的经稀释的硫酸,滴入少量 $BaCl_2$ 溶液,观察现象。向沉淀中加入少量盐酸,观察现象。

在 2 支试管中分别加入少量 Na_2SO_4 溶液和 Na_2CO_3 溶液,并分别滴入少量 $BaCl_2$ 溶液。观察现象。再分别向这 2 支试管中滴加少量盐酸,观察现象。解释现象发生的原因,写出有关反应的化学方程式。

问题与讨论

1. 在做浓硫酸的氧化性实验时,为什么在玻璃管口处要缠放一团蘸有碳酸钠溶液的棉花?

2. 在化学实验中,常常会有有害气体产生。试举出几种防止有害气体污染空气的方法。

第七章　有机化合物

学习提示

通过对几种重要有机物结构和性质的学习,体会有机物跟无机物的区别和联系,初步学会对有机物进行科学探究的基本思路和方法,初步形成对于有机化学领域的学习兴趣。加深对这些物质重要性的认识。了解高分子材料在生产、生活等领域中的应用。

学习目标

通过本章的学习,将实现以下目标:

★ 了解有机物分子的概念、结构、典型化学反应的特点。

★ 认识有机物分子结构的特点及其对相应物质性质的影响。

★ 认识有机物对于人们日常生活、身体健康的重要性。

有机化合物是指含碳元素的化合物(一氧化碳、二氧化碳、碳酸盐、金属碳化物等少数简单含碳化合物除外),简称有机物。有机物是生命产生的物质基础,与人类的关系非常密切,在人们的衣食住行、医疗卫生、农业生产、能源和材料等工业生产及科学技术领域中起着重要作用。

早先,人们只能从动植物中取得一些糖类、蛋白质、油脂、染料等有机物,作为吃、穿、用方面的必需品,后来人们逐步能用非生物体内取得的物质合成有机物,如合成尿素、醋酸、柠檬酸等。如今人们不但能够合成自然界里已有的有机物,而且能够合成自然界里没有的有机物,如合成树脂、合成橡胶、合成纤维和药物、染料、功能材料等。越来越多的人工合成有机物不断充实着人们的物质生活,促进经济发展和社会进步。

碳在地壳中含量不高,质量分数为 0.087%,但是它的化合物,尤其是有机物,不仅数量众多,而且分布极广。无机物目前只发现数十万种,而迄今从自然界发现和人工合成的有机物已超过 3 000 万种,而且新的有机物仍在以每年近百万种的速度增加。碳原子的结合能力非常强,可以互相结合成碳链或碳环。有机物分子中的碳原子数量可以是 1 个、2 个,也可以是几千、几万个,许多有机高分子化合物(聚合物)甚至可以有几十万个碳原子。此外,有机物中同分异构现象非常普遍,这也是有机物数目繁多的原因之一。多数有机物主要含有碳、氢两种元素,有些含氧,此外也常含有氮、硫、卤素、磷等。

在物理性质和化学性质上,有机物通常具有与无机物不同的一些特点,如表 7-1 所示。

表 7-1　有机物与无机物的性质比较

性质	无机物	有机物
可燃性	多数无机物不能燃烧	多数有机物能燃烧
熔点	多数无机物熔点较高,如 NaCl 熔点为 801 ℃	多数有机物熔点较低(一般不超过 400 ℃)、不耐热、受热易分解
溶解性	多数无机物溶于水而不溶于有机溶剂	多数有机物不溶于水而易溶于有机溶剂
导电性	多数无机物是电解质	多数有机物是非电解质
化学反应	多数无机物反应一般较简单且快	多数有机物反应较复杂、较慢、副反应多,因此在化学方程中常用——→代替"===="

有机物的特点与有机物的结构密切相关。多数有机物是共价化合物,且固态时多是分子晶体;多数无机物是离子化合物,这些结构上的不同会在物理性质和化学性质方面表现出来。当然有机物和无机物的区别也并不是绝对的。

有机化合物中,有一大类物质仅由碳和氢两种元素组成,这类物质总称为碳氢化合物,又称为烃。人们熟知的甲烷是最简单的烃。

第一节　最简单的有机化合物

甲烷是池沼底部产生的沼气和煤矿产生的坑道气的主要成分。这些气体中的甲烷都是在隔绝空气的条件下,由植物残体经过某些微生物发酵的作用而生成的。有些地方的地下深处蕴藏着大量叫作天然气的可燃性气体,它的主要成分就是甲烷(按体积计,天然气中一般含有甲烷 80% ~ 90%)。它们都是"清洁"的燃料,无毒并且热能高。很多城市由烧煤改烧天然气后,酸雨的危害明显减弱。目前世界 20% 的能源需求由天然气提供。此外,天然气还是一种重要的化工原料。

一、甲烷的结构和性质

甲烷的化学式是 CH_4。由于碳原子最外电子层有 4 个电子,常以 4 个键与其他原子相结合形成分子,所以甲烷分子中 1 个 C 原子可与 4 个 H 原子形成 4 对电子对(有机物形成分子都是电子对连接原子并为 2 个原子共用),形成 4 个共价单键。可表示为

电子式:H:C:H　　或　　结构式:H—C—H

这种共用电子对表示的式子叫作电子式,用短线来代表一对共用电子对的图式叫

作结构式。那么甲烷分子中原子在空间是如何分布的呢？

科学实验证明,甲烷分子中的碳原子与 4 个氢原子并不在一个平面内,整个分子呈一个正四面体形的立体结构,碳原子位于正四面体的中心,氢原子位于正四面体的 4 个顶点上(见图 7-1)。图 7-2 是两种常用的甲烷分子模型。

甲烷分子的
结构动画

甲烷的结构
视频

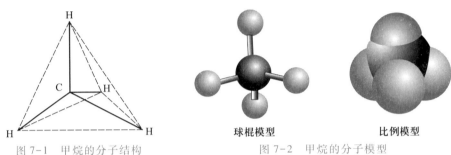

图 7-1　甲烷的分子结构　　　　　图 7-2　甲烷的分子模型

我们已经知道甲烷是一种没有颜色、没有气味的气体。它的密度(在标准状况下)是 0.717 kg·m^{-3},大约是空气密度的一半,极难溶解于水。

在通常情况下,甲烷比较稳定,与强酸、强碱不反应,与酸性高锰酸钾等强氧化剂也不反应。但是在特定的条件下,甲烷也会发生某些反应如氧化反应和取代反应。

1. 甲烷的可燃性(甲烷的氧化反应)

甲烷是一种优良的气体燃料,通常情况下,1 mol 甲烷在空气中完全燃烧,生成二氧化碳和水,放出 890 kJ 热量。

$$CH_4(g) + 2O_2(g) \xrightarrow{\text{点燃}} CO_2(g) + 2H_2O(g) + 890 \text{ kJ} \cdot \text{mol}^{-1}$$

甲烷含量在 5%~15.4%(体积分数)时,遇火花将发生爆炸。在进行甲烷燃烧实验时,必须先检验其纯度。煤矿中的瓦斯爆炸多数与甲烷气体爆炸有关。为了防止爆炸事故的发生,必须采取通风、严禁烟火等安全措施。

家用或工业用天然气中常掺入少量有特殊气味的杂质气体,以警示气体的泄漏。

2. 甲烷的取代反应

【实验 7-1】　取 2 支 100 mL 量筒,分别通过排饱和食盐水的方法先后收集 20 mL 甲烷和 80 mL 氯气并混合,各用铁架台固定好(见图 7-3)。其中一支量筒用预先准备好的黑色纸套套上,另一支量筒放在光亮的地方。等待片刻,观察瓶内气体颜色变化。

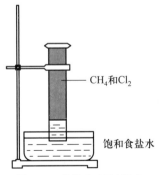

CH$_4$和Cl$_2$

饱和食盐水

图 7-3　甲烷和氯气反应

讨论

1. 你从实验中得到哪些信息?
2. 你从所得信息中获得哪些启示?

在室温下,甲烷和氯气的混合物可以在黑暗中长期保存而不起任何反应。但把混合气体放在光亮的地方就会发生反应,混合气体的颜色就会逐渐变淡,水面上升、有白雾,量筒壁上有液状油滴。水面上升,证明气体总量在减少;出现液状油滴,证明有不溶于水的有机物生成。

在光亮条件下,甲烷和氯气发生了如下反应:

$$\begin{array}{c} H \\ | \\ H-C-H+Cl-Cl \\ | \\ H \end{array} \xrightarrow{\text{光}} \begin{array}{c} H \\ | \\ H-C-Cl+H-Cl \\ | \\ H \end{array}$$
一氯甲烷

反应并没有停止,生成的一氯甲烷继续与氯气作用,依次生成二氯甲烷、三氯甲烷(又叫作氯仿)和四氯甲烷(又叫做四氯化碳)。反应分别表示如下:

$$\begin{array}{c} H \\ | \\ H-C-H+Cl-Cl \\ | \\ Cl \end{array} \xrightarrow{\text{光}} \begin{array}{c} H \\ | \\ H-C-Cl+H-Cl \\ | \\ Cl \end{array}$$
二氯甲烷

$$\begin{array}{c} H \\ | \\ Cl-C-H+Cl-Cl \\ | \\ Cl \end{array} \xrightarrow{\text{光}} \begin{array}{c} H \\ | \\ Cl-C-Cl+H-Cl \\ | \\ Cl \end{array}$$
三氯甲烷

$$\begin{array}{c} Cl \\ | \\ Cl-C-H+Cl-Cl \\ | \\ Cl \end{array} \xrightarrow{\text{光}} \begin{array}{c} Cl \\ | \\ Cl-C-Cl+H-Cl \\ | \\ Cl \end{array}$$
四氯甲烷

上述四个有机反应有什么共同特点? 在这些反应中,甲烷分子中的氢原子逐步被氯原子取代,生成了四种取代产物。有机物分子中的某些原子或原子团被其他原子或原子团所代替的反应叫作取代反应。

甲烷的四种取代物都不溶于水。在常温下,一氯甲烷是气体,其他三种都是液体。三氯甲烷和四氯甲烷是工业上重要的溶剂;四氯甲烷还是一种高效灭火剂。

3. 甲烷的受热分解

在隔绝空气的情况下,加热至 1 000 ℃,甲烷分解生成炭黑和氢气。

$$CH_4 \xrightarrow{1\ 000\ ℃} C+2H_2$$

甲烷分解生成的氢气可以作为合成氨的原料;生成的炭黑是橡胶工业的原料。

二、烷烃

与甲烷结构相似的有机物还有很多,观察下列有机物的结构式和图 7-4 所示的球棍模型,试归纳出它们分子结构的特点。

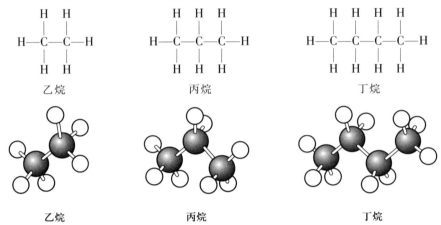

图 7-4   几种烷烃的球棍模型

烷烃的结构
视频

这些烃的分子中碳原子间都以单键(两个原子间一对共用电子对即单键)互相连接成链状,碳原子的其余的价键全部与氢原子结合,达到饱和状态。所以这种类型的烃又叫作饱和烃。由于 C—C 连成链状,所以又叫作饱和链烃,或叫作烷烃(若 C—C 连成环状,则称为环烃)。

为了书写方便,有机物除用结构式表示外,还可以用结构简式表示,如乙烷和丙烷的结构简式表示为 CH_3CH_3 和 $CH_3CH_2CH_3$。

烷烃的种类很多,表 7-2 列出了部分烷烃的物理性质。

表 7-2   几种烷烃的物理性质

名称	结构简式	常温时的状态	熔点/℃	沸点/℃	相对密度①
甲烷	CH_4	气	-182.5	-161.5	—
乙烷	CH_3CH_3	气	-182.8	-88.6	—
丙烷	$CH_3CH_2CH_3$	气	-188.0	-42.1	0.500 5
丁烷	$CH_3(CH_2)_2CH_3$	气	-138.4	-0.5	0.578 8
戊烷	$CH_3(CH_2)_3CH_3$	液	-129.7	36.0	0.557 2
癸烷	$CH_3(CH_2)_8CH_3$	液	-29.7	174.1	0.729 8
十七烷	$CH_3(CH_2)_{15}CH_3$	固	22.0	302.2	0.776 7

①   在未特别指明的情况下,本书中的相对密度均指 20 ℃时某物质的密度与 4 ℃水的密度的比值。

烷烃的物理性质随分子中碳原子数的增加,呈现规律性的变化。

烷烃的分子性质与甲烷类似,通常比较稳定,在空气中能燃烧,光照条件下能与氯气发生取代反应。

烷烃中最简单的是甲烷,其余随碳原子数的增加,依次为乙烷、丙烷、丁烷等。碳原子数在十以内时,以甲、乙、丙、丁、戊、己、庚、辛、壬、癸依次代表碳原子数,其后加“烷”字;碳原子数在十以上,以数字代表,如 $CH_3(CH_2)_{15}CH_3$ 称为十七烷。

分析表 7-2 中的结构简式,可以发现,相邻两个烷烃在组成上都相差一个“CH_2”原子团。如果把烷烃中的碳原子数定为 n,烷烃中的氢原子数就是 $2n+2$。所以烷烃的分子式可以用通式 C_nH_{2n+2} 表示。像这样结构相似、在分子组成上相差一个或若干个 CH_2 原子团的物质互相称为同系物。

甲烷、乙烷、丙烷的结构各只有一种,丁烷却有两种不同的结构(见图 7-5)。虽然两种丁烷的组成相同,但分子中原子的结合顺序不同,即分子结构不同,因此它们的性质就有差异,属于两种不同的化合物。

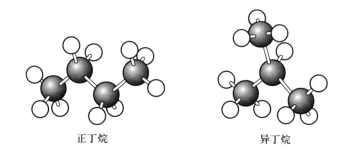

正丁烷　　　　　　　　　　异丁烷

图 7-5　正丁烷和异丁烷球棍模型

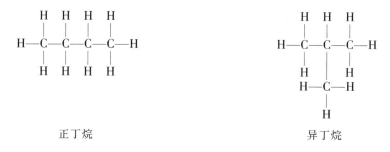

正丁烷　　　　　　　　　　异丁烷

正丁烷和异丁烷的物理性质如表 7-3 所示。

表 7-3　正丁烷和异丁烷的物理性质

名称	熔点/℃	沸点/℃	相对密度
正丁烷	−138.4	−0.5	0.578 8
异丁烷	−159.6	−11.7	0.557

像这种化合物具有相同的分子式但具有不同结构的现象,叫作同分异构现象。具

有同分异构现象的化合物互称为同分异构体。如正丁烷与异丁烷就是丁烷的两种同分异构体,属于两种化合物。随碳原子数的增加,烷烃的同分异构体的数目也增加。例如,戊烷有 3 种,已烷有 5 种,庚烷有 9 种,而癸烷则有 75 种之多。同分异构现象的广泛存在是造成有机物种类繁多的重要原因之一。

课外阅读

可 燃 冰

天然气水合物(natural gas hydrate,简称 gas hydrate)外观像冰,遇火即可燃烧,被称为"可燃冰"或者"固体瓦斯"和"气冰"。它是在一定的条件(合适的温度、压力、气体饱和度、水的盐度、pH 等)下由水和天然气在中高压和低温条件下混合时组成的类冰的、非化学计量的、笼形结晶化合物。它可用 $M \cdot nH_2O$ 来表示,M 代表水合物中的气体分子,n 为水合指数(也就是水分子数)。组成天然气的成分如 CH_4、C_2H_6、C_3H_8、C_4H_{10} 等同系物及 CO_2、N_2、H_2S 等可形成单种或多种天然气水合物。形成天然气水合物的主要气体为甲烷,对甲烷分子含量超过 99% 的天然气水合物通常称为甲烷水合物(methane hydrate)。

天然气水合物在自然界广泛分布在大陆、岛屿的斜坡地带、活动和被动大陆边缘的隆起处、极地大陆架及海洋和一些内陆湖的深水环境。标准状况下,1 单位体积的天然气水合物分解最多可产生 164 单位体积的甲烷气体,是一种重要的未来资源。

天然气水合物使用方便,燃烧值高,清洁无污染。据了解,全球天然气水合物的储量是现有天然气、石油储量的两倍,具有广阔的开发前景,美国、日本等国均已经在各自海域发现并开采出天然气水合物。据测算,中国南海天然气水合物的资源量为 700 亿吨油当量,约相当中国目前陆上石油、天然气资源量总数的 1/2。

中国在南海北部成功钻获天然气水合物实物样品"可燃冰",从而成为继美国、日本、印度之后第 4 个通过国家级研发计划采到天然气水合物实物样品的国家。

思考与练习

一、填空题

1. 甲烷分子式是_____,电子式是_____,结构式是_____。烷烃的通式为_____。

2. 有机物分子中的某些原子或原子团_____的反应叫作取代反应,用量筒收集 CH_4 和 Cl_2 的混合气倒扣在盛水的水槽中,使 CH_4 和 Cl_2 发生取代反应,甲烷与氯气应该放在_____的地方,而不应放在_____地方,以免引起爆炸,反应约 3 min 之后,可以观察到量筒壁上出现_____,量筒内水面_____。

二、选择题

1. 下列有关甲烷的说法中错误的是(　　　)。

A. 采煤矿井中的甲烷气体是植物残体经微生物发酵而来的

B. 天然气的主要成分是甲烷

C. 甲烷是没有颜色、没有气味的气体,极易溶于水

D. 甲烷与氯气发生取代反应所生成的产物四氯甲烷是一种效率较高的灭火剂

2. 下列气体的主要成分不是甲烷的是(　　　)。

A. 天然气　　　　　B. 沼气　　　　　C. 水煤气　　　　　D. 坑道产生的气体

3. 鉴别甲烷、一氧化碳和氢气等三种无色气体的方法是(　　　)。

A. 通入溴水→通入澄清石灰水

B. 点燃→罩上涂有澄清石灰水的烧杯

C. 点燃→罩上干冷烧杯→罩上涂有澄清石灰水的烧杯

D. 点燃→罩上涂有澄清石灰水的烧杯→通入溴水

4. 下列物质在一定的条件下可与 CH_4 发生化学反应的是(　　　)。

A. 氯气　　　　　B. 溴水　　　　　C. 氧气　　　　　D. 酸性 $KMnO_4$ 溶液

5. 下列气体在氧气中充分燃烧后,其产物既可使无水硫酸铜变蓝,又可使澄清石灰水变浑浊的是(　　　)。

A. H_2S　　　　　B. CH_4　　　　　C. H_2　　　　　D. CO

6. 下列数据是有机物的相对分子质量,其中可能互为同系物的一组是(　　　)。

A. 16、30、58、72　　　　　　　　B. 16、28、40、52

C. 16、32、48、54　　　　　　　　D. 16、30、42、56

7. 可燃冰又称为天然气水合物,它是在海底的高压、低温条件下形成的,外观像冰。1 体积可燃冰可储载 100~200 体积的天然气。下面关于可燃冰的叙述不正确的是(　　　)。

A. 可燃冰有可能成为人类未来的重要能源

B. 可燃冰是一种比较洁净的能源

C. 可燃冰提供了水可能变成油的例证

D. 可燃冰的主要可燃成分是甲烷

三、计算题

计算燃烧 11.2 L(标准状况)甲烷,生成二氧化碳和水的质量各是多少?

第二节　两种重要的化工原料

我们常说煤是工业的粮食,石油是工业的血液。煤和石油不仅是常用燃料,而且可以从中获取大量的基本化工原料。例如,从石油中获得乙烯,已成为目前工业上生产乙烯的重要途径;从石油和煤焦油中还可以获得苯等其他化工原料。

一、乙烯

乙烯是一种重要的石油化工产品,也是重要的石油化工原料。乙烯的产量可以用来衡量一个国家的石油化工水平。我国乙烯的年产量逐年增长,但仍不能满足快速增长的需要,还需大量进口。石油炼制加工分馏、催化裂化的产物中含有烯烃和烷烃。烯

烃中含有碳碳双键[①]（C＝C），乙烯是最简单的烯烃。

乙烯分子式：C_2H_4，电子式：H∶C∷∶C∶H，结构式：

$$\begin{matrix} H & & H \\ & C=C & \\ H & & H \end{matrix}$$

，结构简式：$CH_2=CH_2$，

乙烯分子模型如图 7-6 所示。

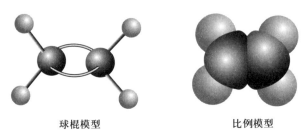

球棍模型　　　　　　　比例模型

图 7-6　乙烯分子模型

通常状态下，乙烯是无色、稍有气味的气体，难溶于水，密度比空气小。

乙烯分子中因存在碳碳双键，表现出较活泼的化学性质。

1. 乙烯的氧化反应

乙烯在空气中燃烧，火焰明亮且伴有黑烟，生成二氧化碳和水，同时放出大量的热。

$$C_2H_4+3O_2 \xrightarrow{\text{点燃}} 2CO_2+2H_2O$$

【**实验 7-2**】　把乙烯通入盛有酸性 $KMnO_4$ 溶液的试管中，观察试管中溶液颜色的变化。

乙烯使酸性 $KMnO_4$ 溶液褪色，说明乙烯能被高锰酸钾氧化，利用此反应可鉴别乙烯和甲烷(见图 7-7)。

图 7-7　乙烯使酸性 $KMnO_4$ 溶液褪色

2. 乙烯的加成反应

【**实验 7-3**】　把乙烯通入盛有溴的四氯化碳溶液中，观察试管中溶液颜色的变化。

———————————

① 碳碳之间有两对共用电子对即双键；碳碳之间有三对共用电子对即三键；属于不饱和烃。

可以看到,通入乙烯使溴的四氯化碳溶液褪色,说明乙烯可与溴发生反应(见图7-8)。

图7-8　乙烯使溴的四氯化碳溶液褪色

在这个反应中,乙烯双键中的一个键断裂,两个溴原子分别加在两个价键不饱和的碳原子上,生成无色的 1,2-二溴乙烷液体。

$$CH_2\!\!=\!\!CH_2+Br_2 \longrightarrow CH_2Br\!-\!CH_2Br$$

利用这个反应可以鉴别乙烯和甲烷。

这种有机化合物分子中双键(或三键)两端的碳原子与其他原子(或原子团)直接结合生成新的化合物分子的反应叫作加成反应。

除了溴的四氯化碳溶液之外,乙烯还可以与水、氢气、卤化氢、氯气等在一定的条件下发生加成反应。工业制酒精的原理就是利用乙烯与水的加成反应而生成乙醇。

$$CH_2\!\!=\!\!CH_2+H_2O \xrightarrow{\text{催化剂}} CH_3CH_2OH$$

乙烯分子之间也能发生加成反应得到聚乙烯,聚乙烯制品在现代生活中应用很广。

乙烯是一种植物生长调节剂,植物在生命周期的许多阶段,如发芽、成长、开花、结果、衰老、凋谢等,都会产生乙烯。因此,可以用乙烯作为水果的催熟剂,以使生水果尽快成熟。有时为了延长果实或花朵的成熟期,又需要用浸泡过高锰酸钾溶液的硅藻土来吸收水果或花朵产生的乙烯,以达到保鲜的要求。

二、苯

苯是 1825 年由英国科学家迈克尔·法拉第(M. Faraday,1791—1867)首先发现的。苯可从石油和煤焦油中获得,与乙烯一样,苯也是一种重要的化工原料,其产品在今天的生活中可以说无处不在,应用广泛。

苯通常是无色、带有特殊气味的液体,有毒,不溶于水,密度比水小,熔点为 5.5 ℃,沸点为 80.1 ℃;如用冰冷却,可凝成无色晶体。

苯的分子式是 C_6H_6。它是一种环状有机化合物,其结构式为苯分子模型如图 7-9 所示。

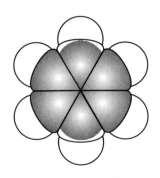

图 7-9　苯分子模型

从这样的结构式（称凯库勒式）来推测，苯的化学性质应显示不饱和的性质，但实验表明苯不与溴水、高锰酸钾溶液反应而使它们褪色。由此可见，苯在化学性质上与烯烃这样的不饱和烃有很大的差别。这是为什么呢？

对苯的分子结构的进一步研究表明，在苯分子中并不存在单、双键交替的结构，分子中的六个碳碳键是等同的，是一类介于碳碳单键和碳碳双键之间的特殊的碳碳键，分子中的六个碳氢单键也是等同的。分子中的六个碳原子和六个氢原子都在同一平面上。为了表示苯分子的这一结构特点，常用结构式 ⬡ 来表示苯分子。

在有机化合物中，有很多分子中含有一个或多个苯环的碳氢化合物，这样的化合物属于芳香烃，简称芳烃。苯是最简单、最基本的一种芳烃。

苯不能被高锰酸钾溶液氧化，也不能与溴水发生加成反应，说明苯的化学性质比烯烃稳定。但在一定的条件下也能发生许多化学反应。

像大多数有机化合物一样，苯可以在空气中燃烧生成二氧化碳和水：

$$2C_6H_6 + 15O_2 \xrightarrow{\text{点燃}} 12CO_2 + 6H_2O$$

除此之外，苯也能发生取代反应、加成反应。

1. 苯的取代反应

苯较易发生取代反应。

（1）苯的溴代反应

此反应在无水的条件下进行，反应物为无水苯、液溴，加入反应容器中的催化剂是铁屑，但起催化作用的是铁屑与液溴反应生成的 $FeBr_3$。苯与溴反应生成溴苯：

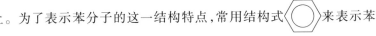

溴苯

在催化剂的作用下，苯也可与其他卤素发生取代反应。

（2）苯的硝化反应

苯与浓硫酸、浓硝酸混合物共热至 $55 \sim 60\ ℃$ 发生反应，苯环上的氢原子被硝基（$-NO_2$）取代，生成硝基苯：

$$\text{（苯）} + \text{HO—NO}_2 \xrightarrow[\triangle]{\text{浓硫酸}} \text{（硝基苯）—NO}_2 + \text{H}_2\text{O}$$

硝基苯

2. 苯的加成反应

虽然苯不具有典型的双键所应有的加成反应性能,但在特殊情况下,它仍能够起加成反应。如有镍催化剂存在和在 $180 \sim 250$ ℃的条件下,苯可以与氢气起加成反应,生成环己烷:

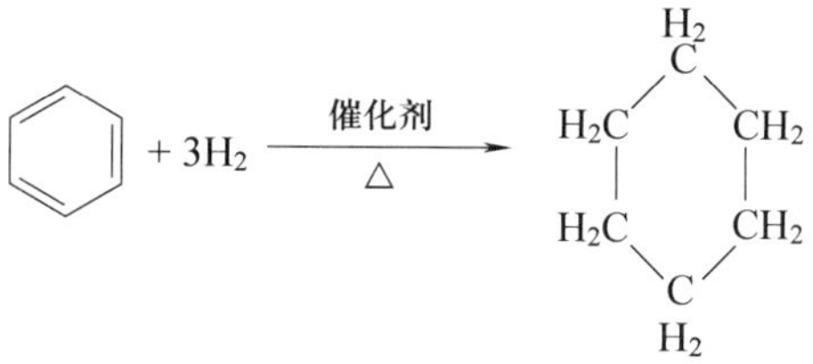

$$\text{（苯）} + 3\text{H}_2 \xrightarrow[\triangle]{\text{催化剂}} \text{（环己烷）}$$

环己烷

课外阅读

苯的发现和苯分子结构学说

苯是在 1825 年由英国科学家法拉第首先发现的。19 世纪初,英国和其他欧洲国家一样,城市的照明已普遍使用煤气。从原料中制备出煤气之后,一种油状副产品长期无人问津。法拉第是第一位对这种油状液体感兴趣的科学家。他用蒸馏的方法将这种油状液体进行分离,得到另一种液体,实际上就是苯。当时法拉第将这种液体称为"氢的重碳化合物"。

1834 年,德国科学家米希尔里希(E. E. Mitscherlich,1794—1863)通过蒸馏苯甲酸和石灰的混合物,得到了与法拉第所制液体相同的一种液体,并命名为苯。待有机化学中的正确的分子概念和原子价概念建立之后,法国化学家日拉尔(C. F. Gerhardt,1816—1856)等人又确定了苯的相对分子质量为 78,分子式为 C_6H_6。苯分子中碳的相对含量如此之高,使化学家感到惊讶。如何确定它的结构式呢? 化学家为难了:苯的碳、氢比值如此之大,表明苯是高度不饱和的化合物。但它又不具有典型的不饱和化合物应具有的易发生加成反应的性质。

德国化学家凯库勒(见图 7-10)是一位极富想象力的学者。对苯的结构,他在分析了大量的实验事实之后认为:这是一个很稳定的"核",6 个碳原子之间的结合非常牢固,而且排列十分紧凑,它可以与其他碳原子相连形成芳香族化合物。于是,凯库勒集中精力研究这 6 个碳原子的"核"。在提出了多种开链式结构但又因其与实验结果不符而一一否定之后,1865 年他终于悟出闭合链的形式是解决苯分子结构的关键,他先以图 7-11 中(a)式表示苯结构。1866 年他又提出了图 7-11 中(b)式,后简

图 7-10　德国化学家凯库勒

化为图7-11中(c)式,也就是我们现在所说的凯库勒式。

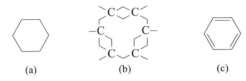

图 7-11 凯库勒提出的苯分子的几种结构式

有人曾用 6 只小猴子形象地表示苯分子的结构,如图 7-12 所示。

图 7-12 6 只小猴子组成的苯分子结构

关于凯库勒悟出苯分子的环状结构的经过,一直是化学史上的一个趣闻。据他自己说这来自一个梦。那是他在比利时的根特大学任教时,一天夜晚,他在书房中打起了瞌睡,眼前又出现了旋转的碳原子。碳原子的长链像蛇一样盘绕卷曲,蛇忽然咬住了自己的尾巴,并旋转不停。他像触电般地猛醒过来,整理苯环结构的假说,又忙了一夜。对此,凯库勒说:"我们应该会做梦! ⋯⋯那么我们就可以发现真理⋯⋯但不要在清醒的理智检验之前,就宣布我们的梦。"

应该指出的是,凯库勒能够从梦中得到启发,成功地提出重要的结构学说,并不是偶然的。这是由于他善于独立思考,平时总是冥思苦想有关的原子、分子、结构等问题。更重要的是,他懂得化合价的真正意义,善于捕捉直觉形象。加之以事实为依据,以严肃的科学态度进行多方面的分析和探讨,这一切都为他取得成功奠定了基础。

选自百度文库

思考与练习

一、填空题

1. 工业生产中使用的乙烯主要来源于_____,乙烯与甲烷在结构上的主要差异是_____,与乙烯结构相似的烃被称为_____,这些烃都能发生_____反应。

2. 苯与甲烷都可以发生取代反应,反应条件分别是_____ _____;

苯与乙烯都可以发生加成反应,反应条件分别是_____。

二、选择题

1. 下列物质属于纯净物的是( )。

A. 石油   B. 汽油   C. 柴油   D. 乙烯

2. 通常用于衡量一个国家石油化工发展水平的标志是( )。

A. 石油的产量   B. 乙烯的产量   C. 天然气的产量   D. 汽油的产量

3. 用来鉴别 CH_4 和 C_2H_4,又可除去 CH_4 中混有 C_2H_4 的方法是( )。

A. 通入酸性 $KMnO_4$ 溶液中   B. 通入足量的溴水中

C. 点燃   D. 通入 H_2 后加热

4. 制取 C_2H_5Cl 最好采用的方法是( )。

A. 乙烷和 Cl_2 取代   B. 乙烯和 Cl_2 加成

C. 乙烯和 HCl 加成   D. 乙烯和 H_2 加成后再与 Cl_2 取代

5. 下列各组液体混合物中,不分层的是 ( )。

A. 苯和水   B. 酒精和水   C. 油和水   D. 三氯甲烷和水

6. 在一定的条件下,可与苯发生反应的是( )。

A. 酸性高锰酸钾溶液   B. 溴水

C. 纯溴   D. 氯化氢

7. 苯的结构式可用 ⬡ 来表示,下列关于苯的叙述中正确的是( )。

A. 苯主要是以石油为原料而获得的一种重要化工原料

B. 苯中含有碳碳双键,所以苯属于烯烃

C. 苯分子中 6 个碳碳化学键完全相同

D. 苯可以与溴水、酸性高锰酸钾溶液反应而使它们褪色

8. 下列有关苯的叙述中错误的是( )。

A. 苯在催化剂作用下能与液溴发生取代反应

B. 在一定的条件下苯能与氯气发生加成反应

C. 在苯中加入酸性高锰酸钾溶液,振荡并静置后下层液体为紫红色

D. 在苯中加入溴水,振荡并静置后下层液体为橙色

三、完成方程式(注明反应条件)

1. 乙烯使溴的四氯化碳溶液褪色_____

2. 乙烯与水的加成反应_____

3. 乙烯与氢气反应_____

4. 乙烯与溴化氢反应_____

5. 苯与液溴取代反应_____

6. 苯与氯气加成反应_____

四、上网查阅资料,了解我国乙烯的主要产地、原料来源、市场价格,讨论乙烯产量和价格对有机化工生产的影响。

第三节　生活中的有机化合物

生活中的有机物种类丰富,其中乙醇和乙酸是两种常见的有机物,糖类、油脂、蛋白质是食物中的基本营养物质。了解和认识这些物质对于人类日常生活、身体健康非常重要。

乙醇的结构
与性质视频

一、乙醇

乙醇俗称酒精,是人们熟悉的有机物,各种酒精饮料含有浓度不等的乙醇。75%(体积分数)的乙醇溶液常用于医疗消毒。

乙醇是无色、具有特殊香味的液体,20 ℃时密度是 0.789 kg·m^{-3},沸点为 78.5 ℃,熔点为 -117.3 ℃。乙醇易挥发,能与水以任意比例互溶,并能溶解多种有机物和无机物。

1. 乙醇与金属钠的反应

【实验 7-4】　在盛有少量无水乙醇的试管中,加入一块新切的、用滤纸擦干表面煤油的金属钠,在试管口塞上配有医用针头的单孔塞,用小试管倒扣在针头上,收集检验并验纯气体(见图 7-13)。然后点燃,观察实验现象,比较前面做过的水与钠反应的实验,并完成表 7-4,得出相应结论。

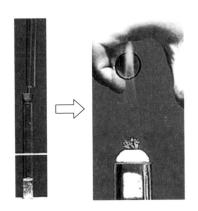

图 7-13　乙醇与钠的反应

表 7-4　乙醇与钠的反应及水与钠的反应的比较

物质	金属钠的变化	气体燃烧现象	检验产物	结论
水				
乙醇				

乙醇与金属钠反应产生了氢气,说明乙醇分子中有不同于烃分子中的氢原子存在。乙醇的分子式为 C_2H_6O。

乙醇的结构式：

$$H-\overset{\displaystyle H}{\underset{\displaystyle H}{C}}-\overset{\displaystyle H}{\underset{\displaystyle H}{C}}-O-H$$

乙醇分子模型如图 7-14 所示。

乙醇的结构简式：CH_3CH_2OH 或 C_2H_5OH。乙醇分子中的—OH基团称为羟基。

图 7-14　乙醇分子模型

乙醇可以看成乙烷分子中的氢原子被羟基所取代的产物。像这些烃分子中的氢原子被其他原子或原子团所取代而生成的一系列化合物称为烃的衍生物。

乙醇与金属钠反应中，金属钠置换了羟基中的氢，生成了氢气和乙醇钠：

$$2CH_3CH_2OH+2Na \longrightarrow 2CH_3CH_2ONa+H_2\uparrow$$

乙醇具有与乙烷不同的化学特性，这是因为其中的羟基对乙醇的化学性质起着重要的作用。像这种决定有机化合物化学特性的原子或原子团，叫作官能团。

几种常见的官能团如表 7-5 所示。

表 7-5　几种常见的官能团

名称	卤素原子	羟基	硝基	醛基	羧基
官能团	—X	—OH	—NO₂	—CHO 或 $-\overset{\displaystyle O}{\overset{\displaystyle \|}{C}}-H$	—COOH 或 $-\overset{\displaystyle O}{\overset{\displaystyle \|}{C}}-OH$

乙烯中的碳碳双键和苯环也是官能团。

我们已经知道，乙醇与金属钠反应比水与金属钠反应平缓得多，说明乙醇羟基中的氢原子不如水分子中的氢原子活泼。

2. 乙醇的氧化反应

乙醇在空气中燃烧时，放出大量的热：

$$CH_3CH_2OH+3O_2 \xrightarrow{\text{点燃}} 2CO_2+3H_2O$$

此外，在一定的条件下，乙醇可以与氧化剂发生反应。

【实验 7-5】　如图 7-15 所示，向一支试管中加入 3~5 mL 乙醇，取一根 10~15 cm 长的铜丝，下端绕成螺旋状，在酒精灯上灼烧至红热，插入乙醇中，反复几次。注意观察反应现象，小心试管中液体产生的气体。

乙醇在铜或银做催化剂的条件下，可以被空气中的氧气氧化为乙醛（CH_3CHO）：

$$2CH_3CH_2OH+O_2 \xrightarrow[\triangle]{\text{催化剂}} 2CH_3CHO+2H_2O$$

乙醇还可以与酸性高锰酸钾溶液或酸性重铬酸钾溶液反应，直接氧化成乙酸。

黄酒中存在的某些微生物可以使部分乙醇氧化，转化为乙酸，酒就有了酸味。

除乙醇外，还有一些结构和性质相似的物质，如甲醇（CH_3OH）。甲醇也是一种重要的醇，也可以做燃料和溶剂，也是一种重要的化工原料。甲醇有毒，误饮甲醇或长期

图 7-15   乙醇催化氧化

与甲醇蒸气接触可使眼睛失明,甚至死亡。工业酒精中常混有甲醇,因此,绝对不能饮用,也不能用来消毒。

二、乙醛

乙醛是无色、有刺激性气味的液体,密度比水小,沸点是 20.8 ℃,易挥发、易燃烧,能与水、乙醇等互溶。

乙醛分子式是 C_2H_4O,结构式是

$$\begin{array}{c} \quad\ \ H\ \ \ H \\ \quad\ \ |\ \ \ \ | \\ H-C-C=O \\ \quad\ \ | \\ \quad\ \ H \end{array}$$

结构简式为 CH_3CHO,在 CH_3CHO 中的—CHO 叫作醛基。

乙醛分子模型如图 7-16 所示。

1. 还原反应

使乙醛蒸气与氢气混合物通过热的镍催化剂时,乙醛被还原成乙醇:

$$CH_3CHO+H_2 \xrightarrow{\text{催化剂}} CH_3CH_2OH$$

在有机化学反应中,还可以从加氢或去氢来定义氧化或还原反应,即去氢就是氧化反应,加氢就是还原反应。所以,乙醛与氢气的反应也是氧化还原反应,乙醛加氢发生还原反应,乙醛有氧化性。

图 7-16   乙醛分子模型

2. 氧化反应

乙醛较易发生氧化反应,用弱氧化剂就能使乙醛氧化。

【实验 7-6】   在洁净的试管中加入 1 mL 的 2% 硝酸银溶液,然后一边摇动试管,一边逐滴加入 2% 的稀氨水,至最初产生的沉淀恰好溶解为止(此溶液叫作银氨溶液)。然后加入 3 滴乙醛,振荡后,把试管放在热水浴中温热。不久,可以观察到在试管内壁上会附着一层光亮如镜的金属银(见图 7-17)。

在上述反应中,银氨溶液被还原成金属银,附着在试管内壁上,形成银镜。这个反

应叫作银镜反应。反应中乙醛被氧化。

实验室中常用银镜反应检验醛基。工业上利用葡萄糖(含—CHO)发生银镜反应制镜,在保温瓶胆上镀银。

乙醛还能被新制的氢氧化铜氧化生成红色的氧化亚铜沉淀。

【实验7-7】 在试管中放入10%的氢氧化钠溶液2 mL,滴入2%的硫酸铜溶液4~5滴,振荡。然后加入0.5 mL乙醛溶液加热至沸腾,有砖红色沉淀生成。

图7-17　乙醛银镜反应

乙醛的银镜反应视频

$$CH_3CHO+2Cu(OH)_2 \xrightarrow{\triangle} CH_3COOH+Cu_2O\downarrow +2H_2O$$

实验室利用该反应检验醛基。

最简单的醛是甲醛,甲醛($HCHO$,又名蚁醛)为无色、具有刺激性气味的气体,易溶于水。35%~40%的甲醛水溶液又叫作福尔马林,用于杀毒、防腐和浸制生物标本。

甲醛的用途非常广泛,合成树脂、表面活性剂、塑料、橡胶、皮革、染料、农药、照相胶片、炸药、建筑材料及消毒、熏蒸和防腐过程中均要用到甲醛,可以说甲醛是化学工业中的多面手。

三、乙酸

乙酸俗称醋酸。食醋的主要成分是乙酸,普通食醋中含有3%~5%的乙酸。乙酸是烃的重要衍生物。分子式为$C_2H_4O_2$,结构式为

$$\begin{array}{c} \quad\ H\ \ \ O \\ \quad\ |\ \ \ \| \\ H-C-C-O-H \\ \quad\ | \\ \quad\ H \end{array}$$

乙酸分子模型如图7-18所示。

乙酸的结构简式为CH_3COOH;乙酸的官能团为—COOH,叫作羧基。

乙酸为具有强烈刺激性气味的无色液体,沸点117.9 ℃,熔点16.6 ℃,低于16.6 ℃就凝结成冰状晶体,所以无水乙酸又称为冰醋酸。乙酸易溶于水和酒精。

1. 乙酸的酸性

图7-18　乙酸分子模型

乙酸在水溶液中能电离:

$$CH_3COOH \longrightarrow CH_3COO^- +H^+$$

因而乙酸具有酸性,能使紫色石蕊溶液变红。乙酸的酸性比碳酸强,能与碳酸盐溶液反应放出CO_2气体。

$$2CH_3COOH+Na_2CO_3 \longrightarrow 2CH_3COONa+CO_2\uparrow +H_2O$$

2. 乙酸的酯化反应

【实验7-8】 在一支试管中加入3 mL乙醇,然后边振荡边慢慢加入2 mL浓硫酸

和 2 mL 乙酸。按图 7-19 所示连接好装置,用酒精灯缓慢加热,将产生的蒸气经导管通到饱和碳酸钠溶液液面上,观察现象。

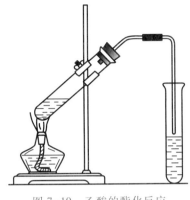

图 7-19　乙酸的酯化反应

可以看到液面上有透明的不溶于水的油状液体产生,并可以闻到香味。这种有香味的液体叫做乙酸乙酯。反应方程式如下:

$$CH_3COOH+CH_3CH_2OH \xrightarrow[\triangle]{浓硫酸} CH_3COOCH_2CH_3+H_2O$$

乙酸乙酯是酯类物质中的一种,这种醇和酸生成酯和水的反应叫做酯化反应。酯化反应是可逆反应。

四、油脂、糖类和蛋白质

人要保持正常的生命活动,就必须摄取营养物质。在人们的饮食中,每日摄取的有机物主要有哪些? 你知道它们的主要成分吗?

人们摄取的主要有机物及其主要成分如表 7-6 所示。

表 7-6　人们摄取的主要有机物及其主要成分

有机物	面食	蔬菜	肉类	油类	蛋类
主要成分	淀粉	维生素、纤维素	油脂、蛋白质	油脂	蛋白质

人们习惯称糖类、油脂、蛋白质为动物性和植物性食物中的基本营养物质。为了能从化学角度认识这些物质,可首先了解这些基本营养物质的化学组成,如表 7-7 所示。

表 7-7　糖类、油脂和蛋白质代表物的化学组成

有机物		元素组成	代表物	代表物分子
糖类	单糖	C、H、O	葡萄糖、果糖	$C_6H_{12}O_6$
	双糖	C、H、O	蔗糖、麦芽糖	$C_{12}H_{22}O_{11}$
	多糖	C、H、O	淀粉、纤维素	$(C_6H_{10}O_5)_n$

续表

有机物		元素组成	代表物	代表物分子
油脂	油	C、H、O	植物油	不饱和高级脂肪酸甘油酯
	脂	C、H、O	动物脂肪	饱和高级脂肪酸甘油酯
蛋白质		C、H、O、N、S、P 等	酶、肌肉、毛发等	20 种基本氨基酸形成的高分子

讨 论

1. 根据表 7-7 分析单糖、双糖、多糖的元素组成和分子式各有什么特点？

2. 葡萄糖和果糖,蔗糖和麦芽糖分别具有相同的分子式,却有不同的性质,试推测原因。

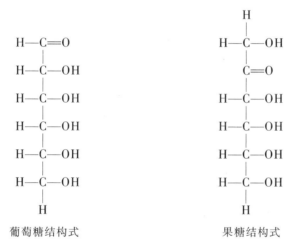

葡萄糖结构式　　　　　　　果糖结构式

葡萄糖、果糖分子式完全相同,但分子内原子的排列方式不同,即分子的空间结构不同,它们互为同分异构体;蔗糖、麦芽糖分子式相同,结构不同,也互为同分异构体;但淀粉、纤维素由于组成分子的 n 值不同,所以分子式不同,不能互为同分异构体。

糖类、油脂和蛋白质主要由 C、H、O 三种元素组成,分子结构比较复杂,是生命活动必不可少的物质。这些物质都有哪些主要性质,我们如何识别它们呢?

1. 糖类、油脂、蛋白质的性质

（1）糖类和蛋白质的特征反应

【实验 7-9】 ① 在洁净的试管中加入 1 mL 2% 的 $AgNO_3$ 溶液,边摇动试管边滴入 2% 的稀氨水,至最初产生的沉淀刚好溶解为止,然后向银氨溶液中加入 1 mL 10% 的葡萄糖溶液,振荡、水浴加热。

② 将碘酒滴到一片土豆或面包上,观察并记录现象所示。

③ 在一支试管中加入 2 mL 鸡蛋清,再滴加 3~5 滴浓硝酸,在酒精灯上微热,观察并记录现象。

最后将实验现象记录在表 7-8 中。

表 7-8 糖类和蛋白质的特征反应

实验内容	实验现象	特征反应
① 葡萄糖		
② 淀粉		
③ 蛋白质		

葡萄糖特征反应:葡萄糖在碱性、热水浴加热条件下,与银氨溶液反应析出银,应用此反应可以检验葡萄糖,也可用此反应在玻璃和热水瓶胆上镀银。在加热条件下,葡萄糖也可与新制的氢氧化铜反应产生砖红色沉淀,以前医疗上曾根据此原理测定患者尿中葡萄糖含量,现在已改用仪器检测;在家中则可以用特制的试纸来检测。

淀粉的特征反应:在常温下,淀粉遇碘变蓝色。

蛋白质的特征反应:硝酸可以使蛋白质变黄,称为蛋白质的颜色反应,常用来鉴别部分蛋白质。蛋白质也可以通过其烧焦时的特殊气味进行鉴别。

(2) 糖类、油脂、蛋白质的水解反应

【实验 7-10】取 1 mL 20% 蔗糖溶液,加入 3~5 滴稀硫酸。水浴加热 5 min 后取少量溶液,加 NaOH 溶液调溶液 pH 至碱性,再加入少量新制 $Cu(OH)_2$,加热 2~3 min,观察并记录现象。

现象:_____

双糖、多糖可以在稀硫酸的催化下,最终水解为葡萄糖和果糖:

$$C_{12}H_{22}O_{11} + H_2O \xrightarrow{\text{催化剂}} C_6H_{12}O_6 + C_6H_{12}O_6$$
蔗糖 　　　　　　　　　葡萄糖　　果糖

$$(C_6H_{10}O_5)_n + nH_2O \xrightarrow{\text{催化剂}} nC_6H_{12}O_6$$
淀粉(或纤维素)　　　　　　　　葡萄糖

油脂的水解反应:油脂可在酸性或碱性条件下水解。

(1) 在酸性条件下水解,生成高级脂肪酸、甘油。

$$\begin{array}{l} C_{17}H_{35}COOCH_2 \\ C_{17}H_{35}COOCH \\ C_{17}H_{35}COOCH_2 \end{array} + 3H_2O \underset{\triangle}{\overset{\text{硫酸}}{\rightleftharpoons}} 3C_{17}H_{35}COOH + \begin{array}{l} CH_2OH \\ CHOH \\ CH_2OH \end{array}$$

(2) 在碱性条件下水解又称为皂化反应,其目的是制肥皂和甘油。

$$\begin{array}{l} C_{17}H_{35}COOCH_2 \\ C_{17}H_{35}COOCH \\ C_{17}H_{35}COOCH_2 \end{array} + 3NaOH \longrightarrow 3C_{17}H_{35}COONa + \begin{array}{l} CH_2OH \\ CHOH \\ CH_2OH \end{array}$$

蛋白质在酶等催化剂作用下也可以水解,最终生成氨基酸。

2. 糖类、油脂、蛋白质在生产和生活中的存在及应用

（1）糖类物质的主要应用

糖类物质是绿色植物光合作用的产物,是动植物所需能量的重要来源。我国居民传统膳食以糖类为主,约占食物的 80%;每天的能量约 75% 来自糖类。

葡萄糖、果糖是单糖,主要存在于水果和蔬菜中,动物的血液中也含有葡萄糖。人体正常血糖含量为 100 mL 血液中一般含葡萄糖 80~100 mg。葡萄糖是重要的工业原料,主要用于食品加工、医疗输液、合成补钙药物及维生素 C 等。

蔗糖主要存在于甘蔗（含糖质量分数为 11%~17%）和甜菜（含糖质量分数为 14%~24%）中。食用白糖、冰糖等就是蔗糖。

淀粉和纤维素是食物的重要组成成分,也是一种结构复杂的天然高分子化合物。淀粉主要存在于植物的种子和块茎中。如大米含淀粉约 80%,小麦含淀粉约 70%,马铃薯含淀粉约 20%。淀粉除做食物外,主要用来生产葡萄糖和酒精。

纤维素是植物的主要成分,植物的茎、叶和果皮中都含有纤维素。食物中的纤维素主要来源于干果、鲜果、蔬菜等。人体中没有水解纤维素的酶,所以纤维素在人体中主要是加强胃肠的蠕动。其他一些富含纤维素的物质还可以用来造纸及纤维素硝酸酯、纤维素乙酸酯和黏胶纤维等。

（2）油脂的主要应用

油脂分布十分广泛,各种植物的种子、动物的组织和器官中都存在一定数量的油脂。特别是油料作物的种子和动物皮下的脂肪组织,油脂含量丰富。人体中的脂肪占体重的 10%~20%。油脂中的碳链为碳碳双键时,主要是低沸点的植物油;油脂中的碳链为碳碳单键时,主要是高沸点的动物脂肪。

油脂是食物组成中的重要部分,也是产生能量最高的营养物质。1 g 油脂在完全氧化（生成 CO_2 和 H_2O）时,发出热量约 39 kJ,大约是糖或蛋白质的 2 倍。成人每日需要进食 50~60 g 脂肪,可提供日需热量的 20%~25%。

脂肪在人体内的化学变化主要是在脂肪酶的催化作用下,进行水解,生成甘油（丙三醇）和高级脂肪酸,然后再分别进行氧化分解,释放能量。油脂同时还有保持体温和保护内脏器官的功能。

油脂能增强食物的滋味,增进食欲,保证机体的正常生理功能。但过量地摄入脂肪,可能引起肥胖、高血脂、高血压,也可能诱发乳腺癌、肠癌等恶性肿瘤。因此在饮食时要注意控制油脂的摄入量。

（3）蛋白质的主要应用

蛋白质是细胞结构中复杂多变的高分子化合物,存在于一切细胞中。组成蛋白质的氨基酸有必需和非必需之分。必需氨基酸是人体生长发育和维持氮元素稳定所必需的,人体不能合成,只能从食物中补给,共有 8 种。非必需氨基酸可以在人体中利用氮元素合成,不需要由食物供给,有 12 种。

蛋白质是人类必需的营养物质。成人每天要摄取 60~80 g 蛋白质,才能满足生理需要,保证身体健康。蛋白质在人体胃蛋白酶和胰蛋白酶的作用下,经过水解最终生成氨基酸。氨基酸被人体吸收后,重新结合生成人体所需要的各种蛋白质,其中包括上百种激素和酶。人体内的各种组织蛋白质也在不断分解,最后主要生成尿素,排出体外。

蛋白质在工业上也有很多应用。富含蛋白质的动物的毛、皮和蚕丝等可以制作服装,富含蛋白质的动物胶可以制造照相用的片基,驴皮制的阿胶还是一种药材。从牛奶中提取的富含蛋白质的酪素,可以用来制作食品和塑料。

酶是一类特殊的蛋白质,是生物体内重要的催化剂。人们已经知道了数千种酶,其中部分在工业生产中广泛应用。

课外阅读

维 生 素

维生素又名维他命,"维生素"是营养学上的正式称呼。维生素既不是构成组织的原料,也不是供应能量的一大类物质,但它能帮助体内生理作用的进行,是保持人体健康的重要活性物质。大多数维生素是某些酶的辅酶组成成分,在物质代谢中起着重要作用。维生素在体内的含量很少,但不可或缺。

维生素是个庞大的家族,目前所知的维生素就有几十种,大致可分为水溶性和脂溶性两大类。"水溶性维生素"易溶于水而不易溶于非极性有机溶剂,吸收后体内贮存很少,过量的多从尿中排出;"脂溶性维生素"易溶于非极性有机溶剂,而不易溶于水,可随脂肪为人体吸收并在体内储积,排泄率不高。每一种维生素通常会产生多种反应,因此大多数维生素都有多种功能。

维生素在人体内的作用各不相同,现把维生素 A、维生素 B、维生素 C、维生素 D 的作用简单介绍一下。

维生素 A 是合成视网膜细胞必需的原料,缺乏维生素 A 会出现夜盲症。维生素 A 又是维持人体上皮组织健全的必需物质,缺乏时会使皮肤干燥、增生、角质化,抵抗微生物侵袭的能力降低。维生素 A 还可以促进人体正常的生长发育,儿童缺乏时会出现生长停顿、发育不良。肝、奶、蛋黄等食物中含有丰富的维生素 A,黄绿色植物(如胡萝卜、玉米、菠菜等)含有类胡萝卜素,可以在肝中转变为维生素 A。

维生素 B 对人体有多方面的作用。例如维生素 B_1 能维持人体正常的新陈代谢和神经系统的正常生理机能,缺乏时容易患神经炎,或食欲缺乏、消化不良,严重的还会患脚气病,出现下肢沉重、手足皮肤麻木、心搏加快等症状。谷类的外皮和胚芽含维生素 B_1 特别丰富,豆类、酵母、瘦肉里也含有维生素 B_1。加工特别细的米、面损失维生素 B_1 较多,因此不如粗糙的米、面好。维生素 B_1 极易溶于水,淘米次数过多、时间过长,损失 B_1 较多。维生素 B_1 在碱性溶液中容易被破坏,烹调食物时应尽量少放碱。

维生素 C 是合成胶原和黏多糖等细胞间质所必需的物质。缺乏时可发生维生素 C 缺乏病,使细胞间质的合成发生障碍,使毛细血管的通透性增强、脆性加大,轻微的擦伤和压伤就容易引起毛细血管破裂出血。维生素 C 又具有促进胶原蛋白形成的作用,胶原蛋白是伤口愈合过程中形成胶原纤维的组成部分,缺乏维生素 C 胶原蛋白的形成将受影响,伤口不易愈合。维生素 C 还有促进白细胞对细菌的吞噬能力和促进抗体的形成,可以增强机体的抵抗力。维生素 C 广泛存在于新鲜瓜果及蔬菜中,尤其番茄、辣椒、橘子、鲜枣中含量丰富。维生素 C 易溶于水,在碱性环境中或加热时容易被破坏。

维生素 D 能促进小肠对钙、磷的吸收,使血液中钙、磷的浓度增加,有利于钙、磷沉积,促进骨组织钙化。缺乏时小儿出现佝偻病。肝、蛋黄、奶等动物性食物中含有维生素 D。人的皮肤里含有一种胆固醇,经紫外线照射后可转变为维生素 D,所以经常晒太阳可以防止发生维生素 D 缺乏症。

食品添加剂

俗话说"民以食为天",色、香、味俱全的食物,可使人食欲大增。中国的厨艺十分讲究色、香、味,而要使色、香、味俱佳,就离不开食品添加剂。

食品添加剂只要是在规定的范围内,就不会对人体有害。苏丹红、三聚氰胺、瘦肉精等物质算不上食品添加剂,只是非法添加物。在国际上,食品添加剂按来源可分为三类:第一类,是天然提取物;第二类,利用发酵等方法制取的物质,如聚赖氨酸等,它们有的虽是化学合成的但其结构和天然化合物结构相同;第三类,纯化学合成物,如苯甲酸钠。纯天然的食品添加剂虽然对人体无害但是价格很高,一般食品生产厂家不会用,生物发酵产生的可以用,成分与天然的一样,价钱也会便宜很多,像聚赖氨酸,就是经微生物发酵取得,食用后,经人体分解为人体必需的八种氨基酸之一的赖氨酸,对人体无毒副作用,可以安全食用,并且它是以后食品添加剂的大趋势。

食品添加剂品种很多,作用也各不相同,概括起来讲,主要包括以下几类:着色剂——改善食品外观;调味剂——增添食品味道;防腐剂——防止食品腐烂、变质;营养强化剂——增加食品的营养价值。

1. 着色剂

有些食品经过加工(如烹煮、长时间存放)后,它们本身含有的色素会减少,甚至消失。为了美化食品的外观,人们常在食品中加入一些天然或人造色素以使食品具有诱人的颜色。如胡萝卜素、胭脂红、柠檬黄、苋菜红等色素混合运用,可以制造出多种颜色的糖果、饮料及其他食品。

在规定范围内使用着色剂一般认为对健康是无害的,但超量使用着色剂对人体是有害的。大多数国家对市面上销售的食品所用色素的种类和用量都有严格的规定。为了保障婴儿的健康,很多国家已明确规定婴儿食品内不能加入任何着色剂。

2. 调味剂

调味剂是指改善食品的感官性质,使食品更加美味可口,并能促进消化液的分泌和增进食欲的食品添加剂。食品中加入一定的调味剂,不仅可以改善食品的感观性,使食品更加可口,而且有些调味剂还具有一定的营养价值。调味剂的种类很多,主要包括咸味剂(主要是食盐)、甜味剂(主要是糖、糖精等)、鲜味剂、酸味剂等。

咸味剂主要是氯化钠(食盐),它对调节体液酸碱平衡,保持细胞和血液间渗透压平衡,刺激唾液分泌,参与胃酸形成,促进消化酶活动均有重要作用。

甜味剂是指赋予食品或饲料以甜味的食物添加剂。世界上使用的甜味剂很多,有几种分类方法:按其来源可分为天然甜味剂和人工合成甜味剂;按其营养价值分为营养性甜味剂和非营养性甜味剂;按其化学结构和性质分为糖类甜味剂和非糖类甜味剂。糖醇类甜味剂多由人工合成,其甜度与蔗糖差不多。因其热值较低,或因其与葡萄糖有不同的代谢过程,尚可有某些特殊的用途。非糖类甜味剂甜度很高,用量少,热值很小,多不参与代谢过程,常称为非营养性或低热值甜味剂,也称高甜度甜味剂。

鲜味剂主要是指增强食品风味的物质,例如味精(谷氨酸钠)是目前应用最广的鲜味剂。现在市场上出售的味精有两种:一种呈结晶状,含100%谷氨酸钠盐;另一种是粉状的,含80%谷氨酸钠盐。味精有特殊鲜味,但在高温下(超过120 ℃)长时间加热会分解生成有毒的焦谷氨酸钠,所以在烹调中,不宜长时间加热。此外,味精不是营养品,仅作调味剂,不能作为滋补品使用。

酸味剂是以赋予食品酸味为主要目的的化学添加剂。酸味给味觉以爽快的刺激,能增进食欲,另外酸还具有一定的防腐作用,又有助于钙、磷等营养的消化吸收。酸味剂主要有柠檬酸、酒石酸、苹果酸、乳酸、醋酸等。其中柠檬酸最缓和可口,广泛应用于各种汽水、饮料、果汁、水果罐头、蔬菜罐头等。

食品中加入调味剂的量有严格的规定,摄入过多的调味剂对人体有害。例如,长期进食过量的食盐会引起高血压,使人体的肾受损;味精虽然能增加食品的鲜味、促进食欲,但有些人对味精过敏,可导致口渴、胸痛、呕吐等;研究表明,人体大量摄入糖精有可能致癌,因此,许多国家都限制食品中糖精的含量。

3. 防腐剂

绝大多数食品都含有营养物质,所以很容易使细菌和真菌滋生,产生毒素,使食物变质,特别是那些需要长时间储存的精制食品,更容易滋生细菌和真菌。细菌的威力不说不知道,一说把人吓一跳,如"肉毒菌"能产生世界上最毒的物质——"肉毒素",这种毒素只需1 g便可毒死200万人。"黄曲霉"所产生的"黄曲霉毒素"是强致癌物质。此外还有痢疾杆菌、致病性大肠杆菌、副溶血弧菌、沙门菌、金黄色葡萄球菌等。如果食品在加工和储存过程中沾染了这些有害微生物,对消费者来说实在是太可怕了。

此外,由于微生物的活动而造成的食品变质、变味,失去原有营养价值的现象,也是人们所不愿看到的。

食品防腐剂可以有效地解决食品在加工、储存过程中因微生物"侵袭"而变质的问题,使食品在一般的自然环境中具有一定的保存期。目前世界各国允许使用的食品防腐剂种类很多,中国允许在一定量内使用的防腐剂有30多种。包括:苯甲酸及其钠盐、山梨酸及其钾盐、二氧化硫、焦亚硫酸钠(钾)、丙酸钠(钙)、对羟基苯甲酸乙酯、脱氢醋酸等。其中较多的是山梨酸和苯甲酸及其盐类。因此大多数精制食品都要加进一些防腐剂,以抑制各种微生物的繁殖,减慢食品变质速率,延长储存时间。

随着科学技术的进步,人们逐步发现化学合成食品防腐剂存在对人体健康的巨大威胁。而随着人们生活和消费水平的提高,人们对食品的安全水平提出了更高的要求,食品防腐剂的发展也将呈现出新的趋势。

4. 营养强化剂

食品中加入食品营养强化剂是为了补充食品中缺乏的营养成分或微量元素。如食盐中加碘，粮食制品中加赖氨酸，食品中加维生素或硒、锗等。在食品加工时适当地添加某些属于天然营养范围的食品营养强化剂，可以大大提高食品的营养价值，这对防止营养不良和营养缺乏、促进营养平衡、提高人们健康水平具有重要意义，但是否需要食用含有营养强化剂的食品，应根据每个人的不同情况或医生的建议而定。

随现代食品工业的发展，食品添加剂已成为人类生活中不可或缺的物质。我国对食品添加剂的使用有严格的政策限定，一般来说不违规、不超量超范围地使用食品添加剂，食品是安全的。只是对儿童、孕妇这样的特殊人群来说，选择食物需要谨慎。

思考与练习

一、填空题

1. 乙醇的分子式是_____，结构式是_____，结构简式是_____。乙醇从结构上可看成是_____基和_____基相连而构成的化合物。在医学上常用于消毒的酒精含量为____%。乙酸从结构上可看成是_____基和_____基相连而构成的化合物。乙酸的化学性质主要由_____基决定。乙酸的电离方程式：_____，乙酸能使紫色石蕊变_____色，乙酸与碳酸钠反应的化学方程式为：_____，观察到的现象是_____，这个反应说明乙酸的酸性比碳酸_____。

2. 把一端弯成螺旋状的铜丝放在酒精灯外焰部分加热，可看到铜丝表面变_____色，生成的物质是_____，立即将它插入盛乙醇的试管，发现铜丝表面变_____色，试管中生成有气味的物质，其化学方程式是_____。

二、选择题

1. 用来检验酒精中是否含有水的试剂是（　　）。

A. 碱石灰　　　　　　B. 无水 $CuSO_4$　　　　C. 浓硫酸　　　　　　D. 金属钠

2. 炒菜时，又加酒又加醋，可使菜变得香味可口，原因是（　　）。

A. 有盐类物质生成　　　　　　　　B. 有酸类物质生成

C. 有醇类物质生成　　　　　　　　D. 有酯类物质生成

3. 与金属钠、氢氧化钠、碳酸钠均能反应的是（　　）。

A. CH_3CH_2OH　　　　　　　　B. CH_3CHO

C. CH_3OH　　　　　　　　D. CH_3COOH

4. 下列关于油脂的叙述不正确的是（　　）。

A. 油脂属于酯类

B. 粘有油脂的试管应该用 NaOH 溶液洗涤

C. 油脂是高级脂肪酸的甘油酯

D. 油脂能水解，酯不能水解

5. 下列对葡萄糖性质的叙述中错误的是（　　）。

A. 葡萄糖具有醇羟基，能和酸起酯化反应

B. 葡萄糖能使溴水褪色

C. 葡萄糖能被硝酸氧化

D. 葡萄糖能水解生成乙醇

6. 下列物质不需水解就能发生银镜反应的是（   ）。

A. 淀粉　　　　　B. 葡萄糖　　　　　C. 蔗糖　　　　　D. 纤维素

7. 证明淀粉在酶作用下只部分发生了水解的实验试剂是（   ）。

A. 碘水

B. 氢氧化钠溶液、银氨溶液

C. 烧碱溶液、新制氢氧化铜溶液

D. 碘水、烧碱溶液、氢氧化铜悬浊液

8. 为了鉴别某白色纺织品的成分是蚕丝还是"人造丝"，可选用的方法是（   ）。

A. 滴加浓硝酸　　　B. 滴加浓硫酸　　　C. 滴加酒精　　　D. 灼烧

*第四节　有机高分子化合物

前面已学习过无机非金属材料和金属材料，在材料家族中还有一大类非常重要的材料，就是高分子材料。按材料的来源，有机高分子化合物可以分为天然有机高分子化合物（如淀粉、纤维素、蛋白质和天然橡胶等）和合成有机高分子化合物（如聚乙烯、聚氯乙烯等）。日常生活中我们接触的塑料、合成纤维、合成橡胶、黏合剂、涂料等都是合成高分子材料，简称合成材料。本节将学习合成材料的三大主要成员：塑料、合成纤维、合成橡胶。

高分子化合物多是由小分子通过聚合反应而制得的，因此也常被称为聚合物或高聚物，用于聚合的小分子则被称为"单体"。如聚乙烯塑料就是在适当温度、压强和有催化剂存在的情况下，乙烯双键中的一个键断裂，大量乙烯分子聚合而成。

$$CH_2{=}CH_2+CH_2{=}CH_2+CH_2{=}CH_2+\cdots$$
$$\longrightarrow -CH_2-CH_2-+-CH_2-CH_2-+-CH_2-CH_2-+$$
$$\cdots$$
$$\longrightarrow -CH_2-CH_2-CH_2-CH_2-CH_2-CH_2-\cdots$$

这个反应可以用下式简单表示：

$$nCH_2{=}CH_2 \xrightarrow{\text{催化剂}} \left[CH_2-CH_2\right]_n$$
乙烯　　　　　　　　　聚乙烯

像这一类合成高分子化合物的反应称为加成聚合反应，简称加聚反应。在聚乙烯这种高分子化合物中，$CH_2{=}CH_2$ 称为单体；重复单元—CH_2—CH_2—称为链节；n 称为聚合度，表示高分子化合物中所含链节的数目。

聚乙烯、聚氯乙烯、聚苯乙烯、聚丙乙烯、聚甲基丙烯酸甲酯（又称为有机玻璃）、合成橡胶等合成高分子化合物都是由加聚反应制得的。

与乙醇和乙酸之间发生的酯化反应相类似，缩合聚合反应（简称缩聚反应）也是合成高分子化合物的一类重要反应。例如：

乙烯的用途
视频

$$nHO-\overset{\overset{O}{\|}}{C}-\overset{\overset{O}{\|}}{C}-OH + nHO-CH_2-CH_2-OH \longrightarrow$$

对苯二甲酸　　　　　　　　乙二醇

$$nHO\left[\overset{\overset{O}{\|}}{C}-\overset{\overset{O}{\|}}{C}-O-CH_2-CH_2-O\right]_nH+(2n-1)H_2O$$

聚酯纤维(涤纶)、尼龙(锦纶)、醇酸树脂、环氧树脂、酚醛树脂(也称为电木)等合成高分子化合物都是由缩聚反应制得。

一、塑料

人们天天和塑料打交道,究竟什么是塑料呢? 塑料主要成分是合成树脂,塑料除了合成树脂之外,还需要加入某些特定用途的添加剂,如增塑剂、稳定剂、着色剂、各种填料等。合成树脂的含量在塑料的全部组分中占40%~100%,起着黏结的作用,它决定了塑料的主要性能,如机械强度、硬度、耐老化性、弹性、化学稳定性、光电性等。有些合成树脂具有热塑性,用它制成的塑料就是热塑性塑料(如聚乙烯、聚氯乙烯、聚丙烯、聚苯乙烯)。这种塑料可以反复加工,多次使用。相反地,像酚醛树脂,具有热固性,用它制成的塑料就是热固性塑料。这种塑料一旦加固成型,就不会受热熔化。我们日常生活中用得最多的食品袋和包装袋大部分是由聚乙烯、聚氯乙烯制成的。除此之外,表7-9列出了其他几种常见塑料的性能和用途。

表7-9 几种常见塑料的性能和用途

化学成分	性能	用途
聚乙烯(PE)	电绝缘性好,耐化学腐蚀,耐寒,无毒	可制成薄膜食品、药物的包装材料,以及日常用品、绝缘材料、管道等
聚氯乙烯(PVC)	电绝缘性好,耐化学腐蚀,耐有机溶剂,耐磨,热稳定性差,遇冷变硬,透气性差	可制薄膜、软管、日常用品,以及管道、绝缘材料等,薄膜不能用来包装食品
聚丙烯(PP)	机械强度好,电绝缘性好,耐化学腐蚀,质轻,无毒。耐油性差,低温发脆,容易老化	可制薄膜、日常用品、管道、包装材料等
聚苯乙烯(PS)	电绝缘性好,透光性好,耐化学腐蚀,无毒,室温下硬、脆,温度较高时变软,耐油性差	可制高频绝缘材料,电视、雷达部件,医疗卫生用具,还可制成泡沫塑料用于防震、防湿、隔音、包装垫材等

续表

化学成分	性能	用途
聚甲基丙烯酸甲酯(有机玻璃,PMMA)	透光性好,质轻,耐水,耐酸、碱,抗霉,易加工,耐磨性较差,能溶于有机溶剂	可制飞机、汽车用玻璃,光学仪器,医疗器械,广告牌等
酚醛塑料(PF)	绝缘性好,耐热,抗水,化学稳定性能好,硬脆,易破碎,韧性差	可制电工器材,日常用品等
聚四氟乙烯(PTFE)	耐低温、高温,耐化学腐蚀,耐溶剂性好,电绝缘性好,加工困难	可制电气、航空、化学、医药、冷冻等工业的耐腐蚀、耐高温、耐低温的制品

随着生产的日益现代化和科学技术的迅速发展,人们根据需要制成了许多特殊用途的塑料,如工程塑料、增强塑料、改性塑料等。工程塑料作为工程材料和代替金属使用的塑料,显著的特征是机械强度高,耐化学腐蚀和耐高温性能强。工程塑料的成本比较高,但它对国民经济的发展有重要意义,近年来增长速度很快,形成了特种工程塑料、增强工程塑料、工程塑料合金等许多新的品种,成为塑料家族中重要的一员。可以相信,在不久的将来,工程塑料在宇宙航空、原子能工业和其他尖端技术领域必将发挥越来越重要的作用。

二、合成纤维

棉花、羊毛、木材和草类的纤维都是天然纤维。用木材和草类的纤维及棉花的短纤维经化学加工制成的黏胶纤维属于人造纤维。用石油、天然气、煤等为原料,经一系列的化学反应,制成合成高分子化合物,再经加工而制得的纤维是合成纤维。合成纤维和人造纤维统称化学纤维。

合成纤维的使用性能有的已经超过了天然纤维。氯纶、锦纶、维纶、腈纶、涤纶、丙纶称为"六大纶"。它们耐酸、耐碱性能都非常优良,还具有强度高、弹性好、耐磨、不发霉、不怕虫蛀和不缩水等优点,而且每一种合成纤维还具有各自独特的性能。它们除了供人类穿着外,在工业和国防上也有很大用途。例如,锦纶可制衣料织品、降落伞绳、轮胎帘子线、缆绳和渔网等。

随着新兴科学技术的发展,近年来还出现了许多具有某些特殊性能的特种合成纤维,如芳纶纤维、碳纤维、防辐射纤维、光导纤维和防火纤维等。合成纤维缓解了粮棉争地的矛盾,满足了人们对纺织品日益增长的需要,在国民经济发展中发挥越来越大的作用。

三、合成橡胶

橡胶是制造飞机、汽车和医疗器械所必需的材料,是重要的战略物资。天然橡胶主要来源于三叶橡胶树,当这种橡胶树的表皮被割开时,就会流出乳白色的汁液,称为胶乳,胶乳经凝聚、洗涤、成型、干燥即得天然橡胶。天然橡胶的结构是异戊二烯的高聚物。天然橡胶远远不能满足要求,于是科学家就开始研究用化学方法合成橡胶。合成橡胶是以石油、天然气为原料,以二烯烃和烯烃为单体聚合而成的高分子。合成橡胶性能不如天然橡胶全面,但它具有高弹性、绝缘性、气密性、耐油、耐高温或低温等性能,因而广泛应用于工农业、国防、交通及日常生活中。

合成橡胶分为通用橡胶和特种橡胶。通用橡胶有丁苯橡胶、顺丁橡胶、氯丁橡胶等。特种橡胶有耐热和耐酸、碱的氟橡胶,耐高温和耐严寒的硅橡胶等。硅橡胶具有无毒、化学稳定性高、不易老化、表面光滑、易加工成型等特点,常作为口腔印模,基托衬层,颌面缺损修复和整容等材料,还可用来制作人工心脏瓣膜、人工胆管、导尿管等。

合成高分子材料废弃物的急剧增加带来了环境污染问题,一些塑料制品所带来的"白色污染"尤为严重。填埋作业是目前处理城市垃圾的一种主要方法,但混在垃圾中的塑料制品是一种不能被微生物分解的材料,埋在土里经久不烂,长此下去会破坏土壤结构,降低土壤肥效,污染地下水。如果焚烧废弃塑料,尤其是含氯塑料会严重污染环境。废弃塑料对海洋的污染也已成为国际问题,向海洋倾倒的塑料垃圾不仅危及海洋生物的生存,而且还因缠绕在海轮的螺旋桨上,曾酿成海难事故。

近年来一些国家要求做到废塑料的减量化、再利用、再循环。近来我国"消除白色污染、倡导绿色消费"成为环境宣传活动主题。启动菜篮子计划、发放环保购物袋等已成为许多人的共同行动。总之,治理白色污染是每个公民的责任,建立既满足当代人的需要,又不威胁子孙后代和不污染环境的绿色文明,实行可持续发展战略,是我们正确的选择。

思考与练习

一、填空题

1. 塑料的主要成分是_____,热塑性塑料的特点是_____;热固性塑料的特点是_____。

2. 人造纤维的原料是_____,合成纤维的原料是_____。

3. 合成橡胶是以_____为原料,以_____为单体聚合而成的。

二、选择题

1. 下列材料中属于合成高分子材料的是( )。

A. 羊毛　　　　B. 棉花　　　　C. 黏合剂　　　　D. 蚕丝

2. 下列化合物不属于天然有机高分子化合物的是( )。

A. 淀粉　　　　B. 油脂　　　　C. 纤维素　　　　D. 蛋白质

3. 下列关于生活中常用材料的认识中,正确的是( )。

A. 涤纶、羊毛和棉花都是天然纤维

B. 各种塑料在自然界中都不能降解

C. 电木插座破裂后可以热修补

D. 装食品的聚乙烯塑料袋可以通过加热进行封口

4. 塑料的使用大大方便了人类的生活,但由此也带来了严重的"白色污染",下列解决"白色污染"问题的措施中,不恰当的是( )。

A. 禁止使用任何塑料制品　　B. 尽量用布袋等代替塑料袋

C. 重复使用某些塑料制品　　D. 使用一些新型的、可降解的塑料

5. 现代以石油化工为基础的三大合成材料是(　　　)。

① 合成氨　② 塑料　③ 医药　④ 合成橡胶　⑤ 合成尿素　⑥ 合成纤维　⑦ 合成洗涤剂

A. ②④⑦　　　B. ②④⑥　　　C. ①③⑤　　　D. ④⑤⑥

本章小结

一、有机物的结构特点

1. 结构特点:分子中碳原子呈四价;碳原子可以和其他原子形成共价键,也可以相互成键;碳原子间可以形成碳碳单键、双键、三键等;有机物可以形成链状分子,也可以形成环状分子。

2. 同系物:结构相似,在分子组成上相差一个或若干个 CH_2 原子团的物质互相称为同系物。

3. 同分异构体:具有相同的分子式,但具有不同结构的化合物互称同分异构体。

二、几种重要的有机化学反应

1. 取代反应:有机物分子里的某些原子或原子团被其他原子或原子团所代替的反应。

2. 加成反应:有机化合物分子中双键(或三键)两端的碳原子与其他原子(或原子团)直接结合生成新的化合物分子的反应。

3. 酯化反应:醇和酸生成酯和水的反应。

三、几种重要的有机物的结构、性质和用途

甲烷、乙烯、乙醇、乙酸、苯、葡萄糖等。

复习题

一、填空题

1. 生的绿色苹果遇碘变蓝色,这是因为＿＿＿＿＿＿＿;熟的苹果汁能发生银镜反应,原因是＿＿＿＿＿＿＿＿＿＿＿。

2. 分别写出甲烷、乙醇、乙酸和葡萄糖的结构简式＿＿＿＿＿＿、＿＿＿＿＿＿、＿＿＿＿＿＿、＿＿＿＿＿＿。

二、选择题

1. 用于制造隐形飞机的某种物质具有吸收微波的功能,其主要成分的结构简式为

$$
\begin{array}{c}
HC-S \qquad\qquad S-CH \\
\parallel \qquad\ \diagdown\ \diagup\ \qquad \parallel \\
\qquad\ C=C\ \qquad \\
HC-S\ \diagup\qquad\diagdown\ S-CH
\end{array}
$$

它属于(　　)。

A. 烃类　　　　　B. 无机物　　　　　C. 有机物　　　　　D. 烷烃

2. 向装有乙醇的烧杯中投入一小块金属钠,下列对该实验现象描述中正确的是(　　)。

A. 钠块沉在乙醇液面的下面　　　　　B. 钠块熔化成小球

C. 钠块在乙醇的液面上游动　　　　　D. 钠块表面有气体放出

3. 制备 $CH_3COOC_2H_5$ 所需要的试剂是(　　)。

A. C_2H_5OH,CH_3COOH

B. C_2H_5OH,CH_3COOH,浓硫酸

C. C_2H_5OH,3%的乙酸溶液,浓硫酸

D. C_2H_5OH,冰醋酸,3mol/L H_2SO_4 溶液

4. "绿色能源"是科学家正在研究开发的新能源之一,高粱、玉米等绿色植物的种子经发酵和蒸馏就可以得到一种"绿色能源"。这种物质是(　　)。

A. 氢气　　　　　B. 甲烷　　　　　C. 酒精　　　　　D. 木炭

5. 下列物质不能使溴水褪色的是(　　)。

A. 乙烯　　　　　B. 二氧化硫　　　　　C. 丁烯　　　　　D. 丙烷

6. 酒精、乙酸、葡萄糖三种溶液,只用一种试剂就能区分开来,该试剂是(　　)。

A. 金属钠

B. 石蕊试液

C. 新制 $Cu(OH)_2$ 悬浊液

D. $NaHCO_3$ 溶液

7. 把氢氧化钠溶液和硫酸铜溶液加入某患者的尿液中,微热时如果观察到红色沉淀,说明该尿液中含有(　　)。

A. 食醋　　　　　B. 白酒　　　　　C. 食盐　　　　　D. 葡萄糖

8. 向淀粉溶液中加少量稀硫酸,加热使淀粉水解,为测其水解程度,需要(　　)。

① NaOH 溶液　　② 银氨溶液　　③ 新制 $Cu(OH)_2$ 悬浊液　　④ 碘水

A. ④　　　　　B. ②④　　　　　C. ①③④　　　　　D. ③④

9. 下列关于蛋白质的叙述正确的是(　　)。

A. 鸡蛋黄的主要成分是蛋白质

B. 鸡蛋生食营养价值更高

C. 鸡蛋白遇碘变蓝色

D. 蛋白质水解最终产物是氨基酸

10. 据估计,地球上的绿色植物通过光合作用每年能结合来自 CO_2 中的碳 1 500亿 t 和来自水中的氢 250亿 t,并释放4 000亿 t氧气。光合作用的过程一般可用下式表示:

$$CO_2 + H_2O \xrightarrow[\text{叶绿素}]{\text{光能}} \text{糖类} + O_2$$

下列说法不正确的是(　　)。

A. 某些无机物通过光合作用可转化为有机物

B. 糖类就是碳和水组成的化合物

C. 叶绿素是光合作用的催化剂

D. 增加植被,保护环境是人类生存的需要

三、完成下列方程式

1. 甲烷隔绝空气加强热：_____

2. 乙醇在空气中燃烧：_____

3. 乙醇和乙酸酯化反应：_____

4. 乙醇在铜催化剂作用下与空气氧化：_____

*第八章 幼儿园科学活动方案设计指导

学习提示

科学教育是幼儿园教学活动的一大内容。它可以激发幼儿的好奇心和观察了解自然现象的兴趣,引导幼儿学习探索周围的世界,养成良好的学习科学的习惯培养幼儿热爱大自然和科学的情感。通过本章的学习,初步了解幼儿园科学活动方案设计的一些最基本的知识,学会利用所学过的化学知识,设计幼儿科学教育活动。

学习目标

通过本章的学习,将实现以下目标:

★ 了解幼儿园科学活动方案设计的基本要求。

★ 依据所学过的化学知识,初步设计幼儿园科学活动方案。

第一节 幼儿园科学活动方案设计的基本要求

《幼儿园教育指导纲要》明确指出:幼儿的科学教育是科学启蒙教育,重在激发幼儿的认识兴趣和探究欲望。要尽量创造条件让幼儿实际参加探究活动,使他们感受科学探究的过程和方法,体验发现的乐趣。化学实验现象为幼儿园科学活动提供了丰富的色彩,是幼儿园科学活动方案设计的重要依托材料,可以激发幼儿的好奇心和学科学的兴趣。我们要学会运用所学化学知识,利用身边发生的自然现象,设计科学合理的活动方案,因势利导地对幼儿进行热爱自然、热爱科学的教育。尽可能多地为幼儿提供体验机会,让他们充分感知周围的世界,激发探究的欲望。

在设计幼儿园科学活动时,应多以幼儿的角度看问题,尽量直观、形象地设计活动过程。

一、幼儿园科学活动方案设计的基本原则

1. 安全性原则

在设计科学活动方案时,要特别注意活动和材料的安全性。活动的过程、活动的场所要确保幼儿安全。幼儿所接触的材料应是无毒的,使用的物品应是安全不易碎的,杜绝幼儿误食、误吞活动用品的情况发生。利用化学知识设计活动方案时,必须避免有害幼儿健康的情况发生。

2. 趣味性原则

好奇心和探究欲望是幼儿参与活动的原动力。兴趣是最好的老师,激发和培养幼儿对科学活动的兴趣十分重要。幼儿的兴趣主要依靠生动的活动内容和活泼的活动方式来激发,因此一定要选择能让幼儿产生兴趣的活动内容,活动的组织方式必须让幼儿乐于参与。现象明显的化学实验对于引起幼儿参与活动的兴趣有着独特的魅力。

3. 可接受性原则

在设计科学活动方案时,要根据幼儿生理、心理发展的阶段特点,恰当选择幼儿可以接受的内容和活动方式。准备让幼儿在活动中获得的东西应略比他们原有的知识经验高,“跳一跳,摘果子”,让幼儿在适宜的活动中增长知识和发展智力。利用化学知识设计活动方案,目的不在于让幼儿掌握相关的化学原理,而主要希望他们通过活动获得相关的常识。

4. 活动性原则

幼儿注意力集中的时间短暂,他们的天性是乐于参加游戏活动。在设计科学活动方案时,应考虑让幼儿听得少,动得多,具有尽可能多的体验机会,鼓励他们自主探索,主动发现,收获经验。如让幼儿玩水,让他们在兴奋愉悦的活动中充分体验水的物理性质。

5. 整合性原则

在设计科学活动方案时,要考虑活动目标、内容、形式的各自整合。比如,活动目标中有知识、能力、情感和态度的整合,活动内容中有科学内容之间或科学内容与其他领域内容的整合。

在设计科学活动方案时,要尽可能多地为幼儿创造接触大自然的机会,要尽可能多地使用日常生活中的物品,要努力创设一种热爱自然、热爱科学的环境和氛围,要充分利用幼儿园里“自然角”“科学桌”上的科学活动素材。

二、幼儿园科学活动方案设计的基本步骤

在设计科学活动方案时,要依据活动目标,认真思考活动的各个环节,遵循以下步骤。

1. 确定活动主题,厘清主要概念,明确活动目标

根据幼儿的年龄特点、心智发育水平、兴趣以及要达到的教育目标,确定活动的主题和目标,厘清主要科学概念。

2. 准备活动材料,明确科学探索任务

明了活动中涉及的科学原理,准备让幼儿操作的材料,确定这些材料能足够支持幼

儿的科学探索活动,注重活动的科学性和教育性。

3. 制定活动实施的具体步骤

根据活动的科学原理、目的、教育目标及幼儿的年龄特点,思考活动的各个环节,仔细设计整个活动过程。要注意活动的各个细节,使幼儿能够融入,乐于参与;要注意各环节之间的连贯性,避免活动成为一个支离破碎的组合。活动要首尾呼应,注意小结,结构完整。

4. 活动延伸

为了使幼儿全面、深入地掌握科学概念,还要对后续的活动进行设计。例如开展一些延伸性的学习活动,把科学概念整合到其他领域或区域中,如图书区、科学探索区、建构区等。

三、幼儿园科学教育活动设计范式及要求

活动主题　××××

活动名称　××××

活动目标　(我希望孩子从这次科学体验中获得什么)

1. 关于知识点:有关此活动的主要(核心)经验。

2. 关于技能与方法:有关此活动中孩子运用或应习得的学习策略,如观察、实验、分类、记录。

3. 关于情感与态度:可针对个体、小组和集体在情感、兴趣、态度、个性等方面的价值取向。

活动准备　(我将需要哪些材料来组织这个活动)

1. 实验材料。

2. 经验准备。

3. 难点的应对预设。

活动过程　(我将怎样安排各个活动环节,并把整节课贯穿在一起;我将怎样确保幼儿获得了情感体验,学到了知识、技能)

1. 导入活动(问题、情境、材料等)。

2. 探索活动:根据活动具体情况组织适宜的游戏、讨论、观察、猜测、实验、记录等活动,如表 8-1 所示。

表 8-1　探　索　活　动

游戏				
引导	讨论	交流	操作	记录
引导	猜测	交流	再操作	记录
引导	观察	交流	再验证	记录
引导	实验	交流	再观察	记录

3. 总结活动(包括经验分析、结果分析、概括、新问题引发)。

第二节 幼儿园科学活动方案设计示例

设计科学活动方案要考虑幼儿的年龄特点、心智发育水平和已有知识经验,还要考虑与活动主题相关的基本知识。如以水为例可以设计的活动主题有:认识水、会流动的水、水的颜色、水的三态变化、观察雪花形状、水的浮力、水的溶解性、水的用途、水的污染、水的净化等。

实例 1 小班科学活动:水的溶解性

活动目标

1. 让幼儿观察溶解现象,并用语言表达其发现。

2. 激发幼儿对溶解现象的好奇心。

活动准备

1. 每人一小杯温水,一把勺子。

2. 食盐、方糖每桌一份。

活动过程

1. 小朋友们,今天老师给你们准备了方糖和食盐,用它们来做个科学实验。

2. 现在先请尝一尝你们杯子里的水,然后告诉老师水是什么味道的(没有味道)?再请小朋友每人拿一块方糖放进自己的杯子里,看看它有什么变化。幼儿实验,观察,表达,交流(它变小了,不见了)。请幼儿尝尝水变什么味道了(甜)。

3. 教师小结:方糖在水里慢慢地变小,最后不见了,这种现象叫作溶解(幼儿跟着说两遍:溶解)。

4. 现在请小朋友每人舀一勺食盐放进自己的杯子里,搅拌以后再来看看会发生什么样的变化? 幼儿操作,教师巡视。请幼儿观察后讲述发生的变化(食盐在水中也不见了)。

5. 教师再次讲解溶解的含义。

6. 小结:今天我们动手做了实验,发现了方糖、食盐放进水里会溶化,这叫作溶解。那么还有哪些东西放进水里也会溶解呢? 你们回家可以再试试,明天来告诉大家,好吗?

活动延伸

引导幼儿在日常生活中观察物质溶解于水的现象。

选自 http://www.chinajiaoan.cn

实例 2 中班科学活动:认识水

活动目标

1. 认识水的基本特征。

2. 认识字卡"无色""透明的""无味""无形""可流动的液体"。

3. 初步培养幼儿节约能源的意识。

活动准备

幼儿:玻璃杯每组两个,分别装水和牛奶,装有醋的瓶子每组一个,玻璃球每人一个,水桶每组一个。

教师:准备字卡"无色""透明的""无味""无形""可流动的液体"。漏斗一个,水勺,泡沫板。

活动过程

1. 请幼儿观察水是什么颜色的? 并出示牛奶请幼儿比较,说说牛奶是什么颜色? 水有没有颜色? 知道水是无色的,并出示"无色"的字卡。

2. 让幼儿每人拿一个玻璃球,放在牛奶和水中比较观察,能不能看到玻璃球? 为什么水中能看到玻璃球? 知道水是透明的,牛奶不透明。并出示"透明的"字卡。

3. 出示醋,请幼儿闻一闻,说说闻到了什么气味? 再闻闻水的味道,说说水有没有气味? 知道水是无味的,并出示"无味"字卡。

(教师可引导幼儿思考凉开水是怎么从没有味道变成有味道的。思考不同的物质可能具有不同的味道,鼓励幼儿试验在一杯水中同时加入少量糖、盐时,有什么味道。)

4. 实验:水是怎样到桶里的?

(1) 让幼儿观察用水勺舀水,倒在漏斗里,水是怎样到桶里的?

(2) 用水勺将水倒在泡沫板上,水像瀑布一样,看看水是怎样到桶里的?

总结:水是流到桶里的,并出示"可流动的液体"字卡。

5. 玩水游戏,让幼儿用手去抓水,看水能被抓起来吗? 怎样才能将水盛起来? 并看看盛起来的水是什么形状的? 说说水有没有形状?

总结:水装在任何容器中就是容器的形状,水本身是没有形状的,并出示"无形"的字卡。

6. 与幼儿一同看看字卡,一起总结水的特征。

7. 请幼儿讨论水可以用来干什么? 如果没有水会怎样?

8. 谈谈我们应该怎样保护、节约水。

实例3 大班化学游戏:找动物

设计思路

科学教育首先要精心呵护和培养幼儿对周围事物及现象的好奇心,激发其探究欲望。本次活动不追求严谨的化学实验程序,而是把侧重点放在让幼儿感知化学变化的奇妙上,通过幼儿感兴趣的"捉迷藏"的游戏,使幼儿自始至终保持浓厚的探究兴趣,让幼儿初步涉入化学的领域,真正感受到世界的奇妙。

活动目标

运用化学小魔术,充分激发幼儿的探究兴趣和积极尝试的欲望。通过活动,使幼儿了解酚酞溶液遇到另一种药水(稀碱溶液)会变成红色的现象,真切地感受到大自然的奇妙。

活动准备

稀碱溶液、酚酞溶液、清水、毛笔、杯子、双面胶、水彩纸、白纸(教师事先用彩笔画好树林、房屋等,用毛笔蘸取稀碱溶液画狐狸、老虎、大灰狼、毛毛虫等隐藏在树林中,晾干,白纸数张事先用稀碱溶液画上小动物,晾干)。

活动过程

一、教师做化学小魔术,激发幼儿兴趣

1. 教师出示一张已用稀碱画了小动物的白纸,问:"纸上有什么?""有小动物隐藏在白纸里,可以用什么办法把它请出来?"(幼儿自由畅想)。

2. 教师演示。

提问:"老师用什么方法把毛毛虫请了出来?"

3. 引导幼儿对水和酚酞进行比较(用试一试、看一看、闻一闻的方法)。

教师小结:刚才老师请毛毛虫用的不是水,而是一杯神奇的药水,它的名字叫作酚酞。

二、幼儿实验并交流

1. 教师为每位幼儿提供一张隐藏着小动物的白纸和一杯酚酞溶液,让幼儿自己动手,把小动物请出来。

2. 幼儿实验,教师巡回指导。

3. 幼儿互相交流实验结果。

4. 幼儿在集体面前讲述实验过程。

提问:"你请出来的小动物是谁? 你是怎样把它请出来的?"

5. 引导幼儿归纳得出结论。

提问:"这些小动物都是什么颜色的? 是谁把它们变成红色的?"

结论:酚酞溶液遇到另一种药水(稀碱溶液)会变成红色。

6. 教师实验论证(两种溶液直接反应)。

三、游戏:"捉小偷"

1. 教师讲故事。

2. 教师提问:"猜猜可能是谁把小鸡偷走了?""小偷可能隐藏在哪里?""我们用什么办法让小偷现身呢?"(幼儿自由讨论,各抒己见)

3. 幼儿运用刚学过的办法,开展"捉小偷"的游戏。

幼儿"搜索",并讲述自己"搜索"的经过和结果。

四、结束活动

酚酞溶液和另一种药水(稀碱溶液)在一起的时候,会变成红色。我们的生活中还有许多许多的变化,只要小朋友仔细观察,就会发现许多奇妙的现象。请小朋友回去后找一找、看一看,把你的发现告诉大家。

选自 http://www.chinajiaoan.cn

思考与练习

1. 设计幼儿园科学活动方案时要考虑哪些原则?
2. 试设计一个认识空气的科学活动方案。

参考文献

[1] 杜彩云,李忠义.有机化学[M].武汉:武汉大学出版社,2015.

[2] 程利平.无机化学[M].北京:化学工业出版社,2017.

[3] 施华,等.化学(高中分册)[M].上海:华东师范大学出版社,2010.

[4] 李建成,曹大森.基础应用化学[M].北京:机械工业出版社,2010.

[5] 田长浒.中国古代铸铁源流与演进[J].四川大学学报(工程科学版),1981(4).

[6] 董涛.先秦青铜形态研究[D].武汉:武汉理工大学,2003.

[7] 鲁朴.化学发展史的五个时期[J].中学生百科,2005(10).

[8] 刘志刚."物质的量"概念教学的理论研究[D].北京:首都师范大学,2007.

[9] 孟献华.初中化学概念形成与教学策略[J].化学教育,2004(2).

[10] 朱文祥,裴毅.让我们给"物质的量"命个名[J].化学教育,2003(6).

[11] 邢其毅,裴伟伟,徐瑞秋,等.基础有机化学[M].3版.北京:高等教育出版社,2010.

[12] 人民教育出版社化学室.化学[M].北京:人民教育出版社,2016.

[13] 李桂芬,高明.有机化学实验[M].北京:煤炭工业出版社,2004.

[14] 刘尧.化学[M].北京:高等教育出版社,2015.

[15] 张龙.化学[M].北京:高等教育出版社,2013.

[16] 张国玺.综合理科教程(物理化学生物分册)[M].上海:复旦大学出版社,2013.

编　　后

　　中国学前教育研究会教师发展专委会推荐教材包括三年制高专、五年制高专、三年制中专三套教材。其中，三年制高专共34种38册，五年制高专共42种50册，三年制中专共37种45册。自2010年开始，历时5年。全部出版后，又从2016年进行修订。作者队伍来源于全国近60所学前师范本科和高中专院校；主审专家来源于26所本科院校和科研院所。全套教材编写设立指导委员会和编写委员会。

　　为确保教材的科学性、先进性和时代性，全体编写人员认真学习教育部《幼儿园教师专业标准（试行）》《教师教育课程标准（试行）》等文件精神，充分吸纳了学前教育和其他相关学科发展的最新成果，严格按照"研制人才培养方案→确定册本→研制大纲→确定体例和样章→讨论初稿→统稿→审稿"的程序进行，进行了深入而艰苦的探索。比如：坚持从研究和把握人才培养方案入手，对各系列的册本方案、各册本的教学大纲进行系统设计。严格按照人才培养目标要求，对文化、艺术、教育3类课程的教学时量进行了科学安排：三年制高专约为2.6∶3∶4.4；五年制高专约为4.5∶2.5∶3；三年制中专约为2.4∶2.4∶5.2。根据学前教育科学发展的新成果，分化和加强教育类课程，如幼儿心理学中分化出了幼儿学习与发展、幼儿发展观察与评价，幼儿教育学中分化出了幼儿游戏、幼儿园课程、幼儿园教育环境创设等。

　　此套教材中的高专系列：由语文出版社出版的《语文》（四册）《大学语文》《幼儿文学》（两册），由高等教育出版社出版的《信息技术》《体育》《幼儿教师口语》《美术基础》《美术》《幼儿美术赏析与创作》《数学》《历史》《地理》《物理》《化学》《生物》，由北京师范大学出版社出版的《幼儿心理发展概论》《幼儿教育概论》《幼儿卫生保健》《幼儿学习与发展》《幼儿游戏》《幼儿园环境创设》《幼儿园课程》《幼儿健康教育》《幼儿语言教育》《幼儿社会教育》《幼儿科学教育》《幼儿音乐教育》《幼儿美术教育》《幼儿园管理》《学前教育研究基础》《现代教育技术》，由上海音乐学院出版社出版的《音乐基础理论》《视唱练耳》（两册）《音乐欣赏》《儿童歌曲钢琴即兴伴奏》《幼儿歌曲弹唱》《幼儿歌曲创编与赏析》《幼儿舞蹈创编与赏析》《钢琴》（三册）《声乐》（两册）《舞蹈》。

　　我们确定把本系列教材建设作为一项基本工作持之以恒地抓下去，及时征求意见和组织评审,定期修订,使之成为全国高水平的教材。同时,认真组织相应的教学研究,努力建设融媒体的立体课程,研发精品课程和微课,研发《学前教师教育课程试题库》和《幼儿园教师资格证考试复习试题库》(放置在"幼学汇"网站,网址www.06yxh.com),以服务教师的教学与学生的学习。

分委会联系人:李家黎,gzzfwh@163.com.

试题库联系人:喻韬文,317650717@qq.com

高职高专学前教师教育教材编写委员会

二〇二一年二月

学前教师课程交流群
69466119